Daouda Ngom

Biodiversité et services écosystèmiques dans les réserves de biosphère

Daouda Ngom

Biodiversité et services écosystèmiques dans les réserves de biosphère

Réserve de biosphère du Ferlo en Afrique de l'Ouest

Presses Académiques Francophones

Impressum / Mentions légales
Bibliografische Information der Deutschen Nationalbibliothek: Die Deutsche Nationalbibliothek verzeichnet diese Publikation in der Deutschen Nationalbibliografie; detaillierte bibliografische Daten sind im Internet über http://dnb.d-nb.de abrufbar.
Alle in diesem Buch genannten Marken und Produktnamen unterliegen warenzeichen-, marken- oder patentrechtlichem Schutz bzw. sind Warenzeichen oder eingetragene Warenzeichen der jeweiligen Inhaber. Die Wiedergabe von Marken, Produktnamen, Gebrauchsnamen, Handelsnamen, Warenbezeichnungen u.s.w. in diesem Werk berechtigt auch ohne besondere Kennzeichnung nicht zu der Annahme, dass solche Namen im Sinne der Warenzeichen- und Markenschutzgesetzgebung als frei zu betrachten wären und daher von jedermann benutzt werden dürften.

Information bibliographique publiée par la Deutsche Nationalbibliothek: La Deutsche Nationalbibliothek inscrit cette publication à la Deutsche Nationalbibliografie; des données bibliographiques détaillées sont disponibles sur internet à l'adresse http://dnb.d-nb.de.
Toutes marques et noms de produits mentionnés dans ce livre demeurent sous la protection des marques, des marques déposées et des brevets, et sont des marques ou des marques déposées de leurs détenteurs respectifs. L'utilisation des marques, noms de produits, noms communs, noms commerciaux, descriptions de produits, etc, même sans qu'ils soient mentionnés de façon particulière dans ce livre ne signifie en aucune façon que ces noms peuvent être utilisés sans restriction à l'égard de la législation pour la protection des marques et des marques déposées et pourraient donc être utilisés par quiconque.

Coverbild / Photo de couverture: www.ingimage.com

Verlag / Editeur:
Presses Académiques Francophones
ist ein Imprint der / est une marque déposée de
OmniScriptum GmbH & Co. KG
Heinrich-Böcking-Str. 6-8, 66121 Saarbrücken, Deutschland / Allemagne
Email: info@presses-academiques.com

Herstellung: siehe letzte Seite /
Impression: voir la dernière page
ISBN: 978-3-8381-4395-8

Copyright / Droit d'auteur © 2014 OmniScriptum GmbH & Co. KG
Alle Rechte vorbehalten. / Tous droits réservés. Saarbrücken 2014

Daouda NGOM

BIODIVERSITE ET SERVICES ECOSYSTEMIQUES DANS LES RESERVES DE BIOSPHERE :
Réserve de biosphère du Ferlo en Afrique de l'Ouest

2014

Dédicaces

À mes adorables enfants (Nafissa, Nouhou et Sofia), et à ma très chère épouse

Remerciements

L'heure tant attendue est arrivée, la fin de l'odyssée est proche, un rêve de gosse à savoir la publication d'un ouvrage est en voie de réalisation ... la ligne d'arrivée vient d'être franchie, une page est donc entrain de se tourner après plusieurs années de découvertes, de peines, de joies et de dur labeur. Cette épreuve a nécessité le concours de plusieurs personnes et d'institutions, sans qui je ne serais jamais arrivé à bon port. Ainsi, je me fais le plaisir et le devoir de remercier tous ceux qui m'ont aidé de près ou de loin dans l'élaboration de ce document. Qu'ils trouvent ici toute ma reconnaissance et mon amitié.

Mes remerciements vont d'abord à mon maître, Professeur Léonard Elie AKPO, qui m'a transmis sa passion de l'Ecologie. Merci Professeur de l'opportunité que vous m'avez offert de travailler sous votre direction pour la quatrième fois en 14 ans de compagnonnage, avec à la clé un DESS en Agro-Environnement, un DEA en Biologie végétale, un Doctorat de 3ème cycle en Biologie végétale et enfin un Doctorat unique en Ecologie et Agroforesterie. Merci pour votre rigueur scientifique, votre soutien sans faille, votre disponibilité, votre exigence et tout l'intérêt que vous avez accordé à mes travaux. Je vous dis également merci de la confiance dont vous avez fait preuve à mon égard en me laissant l'autonomie et la liberté de me forger scientifiquement. Quand vous avez flairé ma passion des réserves de biosphère, vous m'avez encouragé à faire des recherches dans ces aires protégées d'un type nouveau. Vos encouragements permanents, ont été le moteur infatigable de ma persévérance dans le travail et dans la réalisation de cette thèse. Merci infiniment Pr.

Ce travail est possible grâce à l'appui de l'UNESCO, qui dans le cadre du Projet d'Amélioration et de Valorisation des Services des Écosystèmes Forestiers (PASEF) m'a permis de compléter une bonne partie de mes données en cours de collecte depuis 2006. Je tiens à remercier tous ceux qui ont partagé avec moi l'objectif de doter le Sénégal de sa cinquième réserve de biosphère (le Ferlo), je veux nommer Colonel Sidiki DIOP, Colonel Cheikh Tidiane NDIAYE, Dr Antoine MBENGUE, consultant UNESCO et Dr Nouhou DIABY. Je n'oublierais jamais l'apport inestimable de Capitaine Olimata FAYE de la DEFCCS qui a partagé avec moi les dures journées d'inventaires dans les plateaux cuirassés du Ferlo.

Je remercie vivement les hommes de l'ombre, mais sans qui le Ferlo ne serait pas aujourd'hui nominé réserve de biosphère par le programme MAB de l'UNESCO. Il s'agit de Commandant Massamba BITEYE, Capitaine THIALAW SARR, Lieutenant Bocar SALL et enfin M. Mamadou Eugéne DIONE. Leur franche collaboration a rendu agréable mes différents séjours sur le terrain.

J'ai également une pensée pieuse pour les populations pastorales du Ferlo qui, ont fortement appuyé l'idée de création de la réserve de biosphère du Ferlo.

Je n'ai garde d'oublier mes amis de toujours Nouhou DIABY, Sékouna DIATTA et Yama Kouyaté DIABY. Qu'ils veuillent bien trouver ici l'expression de ma gratitude et de mon amitié.

Mes derniers remerciements iront évidemment à tous ceux qui forment mon "cocon" familial. Je remercie vivement mon épouse Fatou, pour la patience, la confiance, le soutien, les sacrifices, l'omniprésence, le dévouement dont elle a fait preuve. Tu m'as toujours soutenu dans les moments difficiles de cette longue aventure et tu as toujours été la gardienne du temple en s'occupant de nos adorables enfants lors de mes nombreux séjours sur le terrain. Tu es le pilier de toutes mes constructions et la base de tous mes projets.

Je dis un immense merci à ma mère, mon ange gardien de par ses prières quotidiennes. Il m'est impossible de trouver des mots pour dire à quel point je t'aime Maman. Une pensée pieuse pour mon père qui n'a pas vu l'aboutissement de mon travail mais je sais qu'il aurait été très fier de son fils ! ! ! Que Dieu l'accueille dans son paradis.

Ce rêve de gosse étant accomplie, construisons un autre chapitre de vie.......

A tous, bonne lecture !

La publication de cet ouvrage a été possible grâce à l'appui financier de :

- ***Université Assane Seck de Ziguinchor***
- ***Ministère de l'Enseignement Supérieur et de la Recherche***

TABLE DES MATIÉRES

- LISTE DES SIGLES ET ACRONYMES 5
- LISTE DES FIGURES 6
- LISTE DES TABLEAUX 7
- LISTE DES PHOTOS 7
- RÉSUMÉ: 9
- ABSTRACT: 10
- INTRODUCTION 11

Partie 1 : LE CADRE DE L'ETUDE 14

Chapitre 1er : LES CONCEPTS DE RÉSERVE DE BIOSPHÈRE ET DE SERVICES ECOSYSTÈMIQUES 15

1.1- LE CONCEPT DE RÉSERVE DE BIOSPHÈRE 15
   1.1.1- Définition 15
   1.1.2- Historique du concept 15
   1.1.3- Les principes fondateurs 17
      1.1.3.1- Les Fonctions d'une réserve de biosphère 17
      1.1.3.2- Comment sont structurées les réserves de biosphère : le zonage 18
      1.1.3.3- La gestion participative 20
      1.1.3.4- La politique ou le plan de gestion 20
      1.1.3.5- Les programmes de recherche, de surveillance continue, d'éducation et de formation 21
      1.1.3.6- l'examen périodique 21
   1.1.4- Quels sont les avantages des réserves de biosphère? 22
   1.1.5- Critères requis pour la désignation d'une RB 22
   1.1.6- Les réserves de biosphère au Sénégal 23
1.2- LES SERVICES ÉCOSYSTÉMIQUES 23
   1.2.1- Définition 24
   1.2.2- Historique 24
   1.2.3- Typologie des services écosystèmiques 25
1.3- RELATION ENTRE RÉSERVES DE BIOSPHÈRE ET SERVICES ÉCOSYSTÉMIQUES 26

Chapitre 2: LE FERLO : MILIEU BIOPHYSIQUE ET HUMAIN 28

2.1-   LE MILIEU PHYSIQUE 28
   2.1.1- La région naturelle du Ferlo 28
   2.1.2- Le site de la réserve de biosphère du Ferlo (RBF) 29
   2.1.3- Caractéristiques géologiques et morpho-pédologiques 30
      2.1.3.1- Géologie 30
      2.1.3.2- Géomorphologie 31
      2.1.3.3- Relief et sols 31
   2.1.4- Hydrographie 32
      2.1.4.1- les nappes souterraines 33
      2.1.4.1.1- La nappe du Maestrichtien 33
      2.1.4.1.2- La nappe du Continental terminal 33
      2.1.4.2- Les eaux superficielles 33
      2.1.4.2.1- Les vallées : 33
      2.1.4.2.2- les mares : 34

2.1.5- Le climat et ses caractéristiques 35
  2.1.5.1- Température et pluviométrie 35
  2.1.5.2- Les vents 37
  2.1.5.3- L'humidité relative et l'évaporation 38
2.2- LE MILIEU BIOLOGIQUE 38
  2.2.1- la flore et la végétation 38
  2.2.2- La faune sauvage 39
2.3- LES HOMMES ET LEURS ACTIVITES 41
  2.3.1- Les hommes 41
  2.3.2- Les activités socio-économiques 42
  2.3.2.1- L'élevage 42
  2.3.2.2- L'agriculture 44
  2.3.2.3- Les activités forestières 44
  2.3.2.4- Le commerce et l'artisanat 45

Partie 2: CARACTÉRISTIQUES ÉCOLOGIQUES DE LA RÉSERVE DE BIOSPHÈRE DU FERLO 46

Chapitre 3 : LE ZONAGE DE LA RÉSERVE DE BIOSPHÈRE DU FERLO 47
  RÉSUMÉ 47
  INTRODUCTION 47
  3.1- MATERIEL ET METHODES 48
    3.1.1- Rencontres d'information et de sensibilisation 48
    3.1.2- Prospection et délimitation des zones 48
  3.2- RESULTATS 50
    3.2.1- La carte d'occupation des sols 50
    3.2.2- La délimitation des aires centrales 55
    3.2.3- Les différentes zones de la RBF 56
  3.3- DISCUSSION ET CONCLUSION 58

Chapitre 4 : CARACTÉRISTIQUES DU PEUPLEMENT LIGNEUX DE LA RÉSERVE DE BIOSPHÈRE DU FERLO (NORD SENEGAL) 61
  RESUME 61
  INTRODUCTION 61
  4.1- MATERIEL ET MÉTHODES 62
    4.1.1- Relevés de végétation 62
    4.1.2- Traitement des données 64
    4.1.2.1 - L'analyse multivariée 64
    4.1.2.2- Paramètres de la végétation ligneuse 65
  4.2- RESULTATS 68
    4.2.1- La richesse spécifique 68
    4.2.2- La variabilité spatiale 69
    4.2.3- Les paramètres structuraux de la végétation 70
    4.2.3.1- L'analyse fréquentielle 70
    4.2.3.2 - Association d'espèces dans les différentes zones de la RBF 72
    4.2.3.3 – La densité 73
    4.2.3.4 – Le recouvrement 74
    4.2.3.5 – La surface terrière 74
    4.2.3.6- La structure du peuplement 75

4.2.2.7 – Importance écologique 79
4.2.2.8 – La régénération naturelle du peuplement 81
4.3- DISCUSSION ET CONCLUSION 82

Chapitre 5 : LA DIVERSITE TAXONOMIQUE DU PEUPLEMENT LIGNEUX DE LA RÉSERVE DE BIOSPHÈRE DU FERLO 86

RESUME 86
INTRODUCTION 86
5.1- MATÉRIEL ET MÉTHODES 87
   5.1.1- Relevés de végétation 87
   5.1.2.- Traitement de données 87
5.2- RÉSULTATS 90
   5.2.1- La composition taxonomique 90
   5.2.2- L'abondance des espèces ligneuses et des familles 92
   5.2.2.1- L'abondance spécifique 92
   5.2.3.2- L'abondance des familles 93
   5.2.3- Les indices de diversité 93
   5.2.4- Biais des indices associés aux méthodes d'inventaire : courbes aire-espèces 94
   5.2.5- Variation de composition entre zones de la RB 95
5.3- DISCUSSION ET CONCLUSION 96

Partie 3 : QUANTIFICATION DES SERVICES ÉCOSYSTÈMIQUES 99

Chapitre 6 : PRODUCTION ET QUALITÉ PASTORALE DES HERBAGES DE LA RÉSERVE DE BIOSPHÈRE DU FERLO (NORD-SENEGAL) 100

RESUME 100
INTRODUCTION 100
6.1- METHODE D'ETUDE 101
   6.1-1. Inventaire de la flore herbagère 101
   6.1.2- Evaluation de la production herbagère 101
   6.1.3- Paramètres de la qualité pastorale 101
   6.1.4- Traitement des données 102
   6.2.1- Composition herbagère 103
   6.2.2- Production et qualité des herbages 107
   6.2.2.1- Valeur pastorale 107
   6.2.2.2- Phytomasse herbacée et fourrage qualifié 108
6.2- DISCUSSION ET CONCLUSION 109

Chapitre 7 : QUANTIFICATION DES SERVICES ECOSYSTEMIQUES FOURNIS PAR *PTEROCARPUS LUCENS* : FOURRAGE, BOIS DE CHAUFFE ET SÉQUESTRATION DE CARBONE 113

RÉSUMÉ 113
INTRODUCTION 113
7.1- MATÉRIEL ET MÉTHODES 114
7.2- RESULTATS : 117
   7.2.1- Structure de la population de *Pterocarpus lucens* 117
   7.2.1.1- Structure de la population par classe de circonférence 117
   7.2.1.2- Structure de la population par classe de hauteur 118
   7.2.2- Teneur en matière sèche 118

7.2.3- Modélisation de la production fourragère 119
7.2.3- Modélisation de la production de bois 121
7.2.4- Estimation de la production fourragère 122
7.2.5- Estimation de la production de bois de chauffe 123
7.2.6- Quantité de carbone séquestrée 124
7.3- DISCUSSION ET CONCLUSION 124

Chapitre 8 : PERCEPTIONS COMMUNAUTAIRES SUR LES SERVICES ECOSYSTÉMIQUES DE LA RÉSERVE DE BIOSPHÈRE DU FERLO 127

RESUME 127
INTRODUCTION 127
8.1- MATERIEL ET MÉTHODES 129
8.2- RESULTATS 130
    8.2.1 – Les services écosystèmiques d'approvisionnement 130
    8.2.1.1- La nourriture 133
    8.2.1.2- Le fourrage vert 134
    8.2.1.3 La pharmacopée traditionnelle 136
    8.2.1.4- Le bois d'énergie 138
    8.2.1.5- Le bois de construction 140
    8.2.1.6- Le bois d'artisanat 141
    8.2.1.7- Les mares, source d'eau 142
    8.2.2 – Les services de régulation 143
    8.2.2.1- La régulation du climat local 143
    8.2.2.2- La régulation de l'érosion et le maintien de la fertilité 144
    8.2.3 – Les services culturels 145
    8.2.3.1- Le tourisme et la valeur spirituelle et religieuse 145
    8.2.3.2- La valeur éducative des écosystèmes 146
    8.2.4– Pratiques paysannes et gestion des services écosystèmiques 146
    8.2.4.2 - La mobilité comme stratégie de gestion 147
    8.2.4.3 - Les techniques d'élagage des ligneux fourragers 148
    8.2.4.4- Le défrichement 149
    8.2.4.5- La jachère 149
8.3- DISCUSSION ET CONCLUSION 150

Partie 4 : DISCUSSION ET CONCLUSION GENERALES 154

Chapitre 9: DISCUSSION GÉNÉRALE 155

9.1- SUR LA CARACTÉRISATION ÉCOLOGIQUE 156
9.2- SUR LA FOURNITURE DES SERVICES ECOSYSTEMIQUES : 159
9.3- SUR LA COMPATIBILITÉ ENTRE CONSERVATION DE LA BIODIVERSITÉ ET SON UTILISATION DURABLE 163

Chapitre 10: 167
CONCLUSION GÉNÉRALE ET PERSPECTIVES 167
RÉFÉRENCES BIBLIOGRAPHIQUES 169

LISTE DES SIGLES ET ACRONYMES

AFC :	Analyse Factorielle de Correspondance
AfriMAB :	Réseau Africain du MAB
BP :	Before present
C :	Carbone
CC :	Capacité de Charge
EM :	Evaluation du Millénaire
DEFCCS :	Direction des Eaux et Forêts, Chasses et Conservation des Sols
DPN :	Direction des Parcs Nationaux
ETP :	Evapo-Transpiration Potentielle
FAO :	Organisation des Nations Unies pour l'Alimentation et l'Agriculture
GPS :	Global Positioning System
GRN :	Gestion des Ressources Naturelles
Ha :	Hectare
IGQ :	Indice Global de Qualité
ISR :	Indice spécifique de Régénération
IVI :	Importance Value Index
Kg :	Kilogramme
MAB :	Man and Biosphere
MEA :	Millenium Ecosystem Assessment
MS :	Matière Sèche
NNE :	Nord Nord Est
ONG :	Organisation Non Gouvernementale
PASEF :	Projet d'Amélioration et de Valorisation des Services des Ecosystèmes Forestiers
PGIES :	Projet de Gestion Intégrée des Ecosystèmes du Sénégal
PROGEDE :	Projet de Gestion Durable et participative des Energies traditionnelles et de substitution
RB :	Réserve de Biosphère
RBF :	Réserve de Biosphère du Ferlo
RBNK :	Réserve de Biosphère du Niokolo Koba
RBDS	Réserve de Biosphère du Delta du Saloum
RBTDFS	Réserve de Biosphère Transfrontalière du Delta du Fleuve Sénégal
RFFN :	Réserve de Faune du Ferlo Nord
RFFS :	Réserve de Faune du Ferlo Sud
RNC :	Réserve Naturelle Communautaire
SSO :	Sud Sud Ouest
UBT :	Unité de Bétail Tropical
UCAD :	Université Cheikh Anta Diop
UICN :	Union Internationale pour la Conservation de la Nature
UNESCO :	Organisation des Nations Unies pour l'Education, la Science et la Culture
UP :	Unité pastorale
UTM :	Universal Transverse Mercator
WRI :	World Research Institute

LISTE DES FIGURES

Figure 1: Les trois fonctions d'une réserve de biosphère 18
Figure 2: Zonation d'une réserve de biosphère 20
Figure 3: Typologie des services écosystèmiques selon la MEA 26
Figure 4: Carte des zones écogéographiques du Sénégal 28
Figure 5: Carte de localisation de la Réserve de Biosphère du Ferlo 29
Figure 6: Carte de localisation des communautés rurales 30
Figure 7: Diagramme ombrothermique de la RBF 36
Figure 8: Tendances évolutives de la pluviosité annuelle par la méthode de la différence normalisée 37
Figure 9: Tendances évolutives de la pluviosité annuelle par la méthode des moyennes mobiles pondérées 37
Figure 10: Carte d'occupation des sols de la RBF 51
Figure 11: Importance (%) de l'occupation des sols dans la RBF 52
Figure 12: Carte de situation des aires centrales de la RBF 55
Figure 13: Carte de zonage de la réserve de biosphère du Ferlo 57
Figure 14: Dispositif des transects dans le noyau nord de la RBF 62
Figure 15: mensurations dendrométriques effectuées sur les arbres inventoriés 64
Figure 16: Diagramme de l'AFC de la matrice 49 espèces x 110 relevés 70
Figure 17: Distribution des ligneux de la RBF selon les classes de hauteur (m) 75
Figure 18: Distribution des 3 espèces les plus abondantes selon les classes de hauteur dans la RBF .. 76
Figure 19: Distribution des ligneux dans la RBF selon les classes de circonférence (cm) 78
Figure 20: Distribution des 3 espèces les plus abondantes, selon les classes de circonférence 79
Figure 21: spectre d'abondance des espèces ligneuses dans la RBF 92
Figure 22: spectre d'abondance des familles dans la RBF 93
Figure 23: Evolution du nombre d'espèces inventoriées S en fonction de l'effort d'échantillonnage N 95
Figure 24: Les dix espèces les plus fréquentes dans la RBF 103
Figure 25: Spectre des fréquences des familles les plus représentées 104
Figure 26: Principe de mesure de la biomasse foliaire et de la biomasse ligneuse sur le terrain 116
Figure 27: Distribution des populations de *Pterocarpus lucens* par classe de circonférence 117
Figure 28: Distribution de la population de *Pterocarpus lucens* et par classe de hauteur 118
Figure 29: Courbe de régression linéaire simple de la biomasse en fonction de circonférence 120
Figure 30: Courbe de régression logarithmique de la biomasse en fonction de la circonférence 120
Figure 31: Courbe de tendance à 3 dimensions de la biomasse ligneuse en fonction de la circonférence et de la longueur des branches 121
Figure 32: fréquence de citation et niveau de fidélité des espèces utilisées dans l'alimentation du bétail 12136
Figure 33: fréquence de citation des espèces les plus élaguées 11637
Figure 34: Les parties des arbres utilisées dans la pharmacopée traditionnelle 11639
Figure 35: fréquence de citation et niveau de fidélité des espèces utilisées comme bois d'énergie 116
40
Figure 36: fréquence de citation et niveau de fidélité des espèces utilisées pour bois de construction 116
41
Figure 37: Fréquence de citation et niveau de fidélité des espèces utilisées pour bois d'artisanat . 12042

LISTE DES TABLEAUX

Tableau 1: Les réserves de biosphère du Sénégal 21
Tableau 2: Statistiques du zonage de la RBF 56
Tableau 3: Variation de la richesse spécifique dans les différentes zones de la RBF 68
Tableau 4: Valeurs propres et inerties des quatre premiers axes de l'AFC 69
Tableau 5: Fréquences centésimales des espèces ligneuses dans les différentes zones de la RBF 71
Tableau 6: Espèces exclusives dans les différentes zones de la RBF 73
Tableau 7: Paramètres structuraux de la végétation ligneuse de la RBF 74
Tableau 8: Valeurs d'importance écologique (%) des espèces dans les trois zones de la RBF 80
Tableau 9: Indice spécifique de régénération (ISR) en % dans les trois zones de la RBF 82
Tableau 10: Liste des différents taxons et leur importance relative 90
Tableau 11: Variation des indices de diversité dans les différentes zones de la RBF 94
Tableau 12: Matrice de similarité (Indice de Jaccard) entre les différentes zones de la RBF 95
Tableau 13: Cortège floristique de la strate herbacée. 105
Tableau 14: Contribution des catégories d'espèces herbagères dans l'IGQ 108
Tableau 15: Bilan fourrager annuel de la RBF 109
Tableau 16: Teneur en matière sèche du bois et des feuilles de *Pterocarpus lucens* 119
Tableau 17: Modèle de prédiction de la biomasse foliaire en fonction de la circonférence 119
Tableau 18: Estimation de la production fourragère selon les classes de circonférence 122
Tableau 19: Estimation de la production de bois selon les classes de circonférence et la hauteur des arbres 123
Tableau 20: Listes des espèces utilisées, les catégories de services et les valeurs d'usage 121
Tableau 21: Facteur de Consensus Informateur (FCI) par catégorie d'usage 122
Tableau 22: Fréquence de citation et niveau de fidélité des espèces préférées dans l'alimentation et les parties utilisées. 123
Tableau 23: Espèces les plus utilisées dans la pharmacopée et leur fréquence de citation 126

LISTE DES PHOTOS

Photo 1: Mares dans la réserve de biosphère du Ferlo 31
Photo 2: Troupeau de *Oryx damah* dans la RBF 35
Photo 3: *Gazella dorcas* dans la RBF 36
Photo 4: L'élevage de bovins et d'ovins dans la RBF 37
Photo 5: Un pied d'*Adansonia digitata* marqué à la peinture dans un noyau central 43
Photo 6: Populations locales contribuant à la pose de pancarte dans un noyau central 43
Photo 7: Faciès de la zone agricole 46
Photo 8: Faciès de la steppe arbustive à arborée 47
Photo 9: Faciès de la savane arbustive 47
Photo 10: Faciès de la savane arbustive à arborée 48
Photo 11: Faciès de la savane arborée à boisée 48
Photo 12: Pied de *Pterocarpus lucens* 101

"Nos vérités sont provisoires : battues en brèche par les vérités de demain, elles s'embroussaillent de tant de faits contradictoires que le dernier mot du savoir est le doute."

Jean Henri Fabre

Souvenirs entomologiques, Livre VII, 1900.

RÉSUMÉ:

Biodiversité et services écosystèmiques dans les réserves de biosphère : Réserve de biosphère du Ferlo en Afrique de l'Ouest

Ce travail a pour objectif de caractériser la diversité taxonomique des communautés végétales de la réserve de biosphère du Ferlo (RBF) et de quantifier certains services écosystèmiques fournis aux communautés locales et à l'humanité.

Les caractères généraux du milieu naturel, les hommes et leurs activités ont été étudiés. L'état des connaissances sur le concept de réserve de biosphère et des services écosystèmiques a été également passé en revue.

L'analyse factorielle de correspondance a permis de déterminer la distribution spatiale et la structure de la végétation ligneuse. Le traitement des images satellitales et la photo-interprétation ont permis d'élaborer la carte de zonage. L'utilisation des logiciels Excel, XLstat et Mintab 14 ont permis de déterminer les différents paramètres de la végétation ligneuse et d'établir le bilan fourrager de la strate herbacée. Les relations allométriques ont été utilisées pour prédire la production fourragère, la production de bois et la quantité de carbone séquestrée. Des enquêtes auprès des populations locales et des discussions informelles auprès des services techniques ont permis d'appréhender les perceptions sur les services écosystèmiques.

Nos résultats indiquent que le peuplement végétal, relativement homogène dans les différentes zones de la RBF, est riche de 49 espèces réparties en 32 genres relevant de 16 familles botaniques. L'analyse des fréquences centésimales a montré que *Guiera senegalensis* J.F. Gmel est l'espèce la plus fréquente dans la réserve avec une présence dans les ¾ des relevés effectués. Elle est suivie de *Combretum glutinosum* Perr. Ex DC (65,5%), *Boscia senegalensis* (Pers.) Lam. Ex Poir. (63,6%) et *Pterocarpus lucens* Lepr. Ex Guill. & Perrot (60,9%). En termes d'importance écologique, trois espèces se dégagent : *Pterocarpus lucens* (18%), *Guiera senegalensis* (16%) et *Combretum glutinosum* (13%). Le taux de régénération du peuplement végétal est de 72% dans l'ensemble de la RBF. *Guiera senegalensis* présente le potentiel de régénération le plus élevé avec un indice spécifique de régénération de plus de 62%. L'étude des indices de diversité, d'équitabilité et de similarité a révélé que la zone tampon et l'aire de transition qui font l'objet de multiples usages et qui subissent l'action de l'homme, présentent une diversité plus grande et un niveau d'organisation du peuplement ligneux plus élevé que l'aire centrale qui est une zone de conservation intégrale.

Certains services écosystèmiques (fourrage herbacée, fourrage ligneux, bois et quantité de carbone séquestrée) ont été quantifiés. La production de phytomasse herbacée au maximum de la végétation est estimée à 3,3 tonnes de MS/ha. La valeur pastorale des parcours de la RBF est de 56,4%. La production de fourrage « qualifié » est estimée à 1,86 tonne de MS/ha et la capacité de charge à 0,41 UBT/ha/an. La production fourragère de *Pterocarpus lucens* est estimée à 178 kg MS/ha. Cette valeur importante de production de fourrage aérien montre la place prépondérante de cette espèce dans l'alimentation du bétail au sahel. La production en bois a été également estimée à 545 kg MS/ha. La quantité de carbone séquestrée par cette espèce est estimée à 325,35 kg de C / ha. Ces estimations sont intéressantes dans le contexte de mise en place de la réserve de biosphère, qui a pour vocation de concilier la capacité de production des écosystèmes avec la satisfaction des besoins des communautés locales.

Les perceptions communautaires des services écosystèmiques ont été également appréhendées. Trois types de services écosystèmiques ont été identifiés avec les populations locales. Les services d'approvisionnement portent sur la nourriture, le fourrage, la pharmacopée traditionnelle, le bois de chauffe, de service et d'artisanat et enfin l'approvisionnent en eau par les mares. Les services de régulation moins évidents à appréhender par les communautés locales sont liés à la régulation du climat et à la régulation de l'érosion des sols. Les services culturels portent sur le tourisme, la valeur spirituelle et la valeur éducative que procurent les écosystèmes aux communautés locales.

Globalement, les résultats produits par cette étude témoignent des potentialités de la RBF à assurer le double rôle de conservation de la biodiversité et de fourniture de services écosystèmiques.

Mots clés : diversité taxonomique, services écosystèmiques, fourrage, bois, carbone, perceptions

ABSTRACT:

Biodiversity and ecosystem services in biosphere reserves: Biosphere reserve of Ferlo in West Africa

This work aims at characterizing the taxonomic diversity of plant communities in the Ferlo Biosphere Reserve (FBR) and at quantifying some ecosystem services provided to local communities and humanity.

The general characteristics of the natural environment, the inhabitants and their activities were investigated. The state of knowledge on the concept of biosphere reserve and ecosystem services was also carried out.

The factorial correspondence analysis was used to determine the spatial distribution and structure of woody vegetation. The processing of satellite images and photo-interpretation were used to develop zoning map. The softwares Excel, XLSTAT and Mintab 14 were used to determine the various parameters of woody vegetation and establish the balance of herbaceous forage. Allometric relationships were used to predict forage production, timber production and carbon amount sequestered. Some surveys in local communities and informal discussions with technical services allowed understanding the perceptions of ecosystem services.

Our results indicate that the vegetation is relatively homogenous in different areas of the FBR. The floristic richness is 49 species belonging to 32 genera under 16 botanical families. The frequency analysis showed that *Guiera senegalensis* JF Gmel is the most common species in the reserve with a presence in ¾ of the total releves . It is followed by *Combretum glutinosum* Perr. Ex DC (65.5%), *Boscia senegalensis* (Pers.) Lam. Ex Poir. (63.6%) and *Pterocarpus lucens* Lepr. Ex Guill. & Perrot (60.9%). In terms of ecological importance, three species emerge: *Pterocarpus lucens* (18%), *Guiera senegalensis* (16%) and *Combretum glutinosum* (13%). The rate of regeneration of plant population is 72% across the BRF. *Guiera senegalensis* has the potential to regenerate the highest with a specific index regeneration of over 62%. The study indices of diversity, evenness and similarity revealed that the buffer zone and the transition area that are subject to multiple uses and undergo human pressure, have a greater diversity and a level of organization of ligneous higher than the central area which is integral conservated.

Some ecosystem services (herbaceous forage, fodder timber, wood and carbon sequestered) were quantified. Production of herbaceous phytomass maximum vegetation is estimated at 3.3 tons DM / ha. The pastoral value of the RBF course is 56.4%. The forage production "qualified" is estimated at 1.86 ton DM / ha and an animal capacity of 0.41 TLU / ha / year.

The forage production of *Pterocarpus lucens* is estimated at 178 kg DM / ha. This high value of forage production shows the prominence of this species in the feed of livestock in Sahel. Wood production was also estimated at 545 kg DM / ha. The amount of carbon sequestered by this species is estimated at 325.35 kg C / ha. These estimates are interesting in the context of implementation of the biosphere reserve, which aims to combine the capacity of ecosystems with the needs of local communities.

The community perceptions of ecosystem services were also accessed. Three types of ecosystem services have been identified with the local population. The supply services focus on food, fodder, traditional medicine, firewood, service and craft and finally water supplies by ponds. The regulating services less obvious to understand by local communities are linked to climate regulation and soil erosion control. The cultural services focus on tourism, spiritual and educational value of ecosystem for local communities.

Overall, the results produced by this study demonstrate the potential of the FBR to ensure the dual role of biodiversity conservation and provision of ecosystem services.

Keywords: taxonomic diversity, ecosystem services, fodder, wood, carbon, perceptions

INTRODUCTION

Les écosystèmes du Ferlo fournissent des ressources naturelles qui jouent un rôle important dans l'économie du Sénégal (sylvopastoralisme), le maintien de l'équilibre écologique (fertilité des sols, réduction de l'érosion, régulation du climat...) et de l'équilibre alimentaire des hommes et des animaux (pâturages). Ils contribuent aux services d'approvisionnement en bois de feu, bois de service, plantes médicinales et divers produits forestiers non ligneux.

C'est pourquoi, ces milieux subissent depuis plusieurs décennies de fortes pressions liées aux conditions d'aridité (longue saison sèche, forte évaporation, faibles précipitations), à la forte variabilité spatio-temporelle (Le Houérou, 1989) et aux activités humaines. En outre, la réduction des aires pâturables, l'augmentation du bétail et la saturation de l'espace ont considérablement accru la pression sur les ressources fourragères accentuant ainsi leur dégradation et la diminution (quantité et qualité) de la biomasse disponible pour les troupeaux (Yung & Bosc, 1992). Par ailleurs, il est apparu que les techniques actuelles d'exploitation, caractérisées par une consommation d'espace sont en partie responsables de la dégradation du milieu. Cela a entraîné la régression du couvert végétal, l'augmentation des phénomènes érosifs, la faible capacité de rétention des sols et la baisse de la fertilité (Grouzis & Albergel, 1991).

Les processus de dégradation des ressources naturelles gagnent de plus en plus du terrain, se traduisant souvent par des incursions dans les réserves de la nature et dans les écosystèmes fragiles. La prise de conscience de l'ampleur de la dégradation et de l'épuisement des ressources naturelles justifie pleinement l'avènement du concept de réserve de biosphère qui a été mis au point en 1974 par l'UNESCO dans le cadre de son programme sur l'homme et la biosphère (MAB).

Les réserves de biosphère sont conçues pour répondre à l'une des questions les plus essentielles qui se posent au monde d'aujourd'hui: comment concilier la conservation de la biodiversité et des ressources biologiques avec leur utilisation durable ? Elles constituent un élément clé pour atteindre l'objectif du MAB : un équilibre durable entre les nécessités parfois conflictuelles de conserver la diversité biologique, de promouvoir le développement économique et de sauvegarder les valeurs culturelles qui y sont associées (UNESCO, 1996).

Les réserves de biosphère ont été parmi les premières zones protégées à établir la nécessité d'inclure les communautés locales dans les processus de conservation, à une époque où la plupart des aires protégées excluaient ces communautés de leur mode de gestion. Elles constituent des sites où l'on essaie de combiner des fonctions de développement économique et humain par la fourniture de services écosystèmiques et des fonctions de conservation des paysages, des écosystèmes, des espèces et des gènes (Ishwaran, 2007). L'idée étant que l'objectif de conservation est d'autant mieux poursuivi qu'il s'appuie sur la coopération et l'intérêt des populations locales concernées par les réserves de biosphère.

Ainsi, la gestion de ces espaces doit, désormais, reposer sur les pratiques locales dont le caractère durable a été reconnu, et qui peuvent alors constituer un véritable outil de conservation (Boureima, 2008). La conservation de la biodiversité peut se faire en même temps que le développement économique, en coopération avec l'ensemble des acteurs concernés.

L'option alternative du gouvernement du Sénégal pour réduire les fortes pressions sur la biodiversité consiste à la création de réserves de biosphère et autres aires protégées, car elles concentrent des espèces endémiques et une forte diversité biologique.

Les raisons principales qui justifient la création de la Réserve de Biosphère du Ferlo (RBF) sont de six ordres : (i) la protection des écosystèmes et des espèces, (ii) un outil d'aménagement du territoire (iii) un support politique important, (iv) des aspects humains et culturels importants, (v) la présence de couloirs de migration de la faune sauvage de la Réserve de Biosphère du Niokolo Koba et (vi) de fortes pressions sur le milieu.

C'est dans ce contexte que s'inscrit cette étude qui a pour objectif de caractériser la diversité des habitats et des communautés végétales en établissant la structure du peuplement végétal et en quantifiant certains services des écosystèmiques.

De façon plus spécifique, il s'agira de :
- ❖ Etablir un zonage de la réserve de biosphère
- ❖ Caractériser les différents habitats et la diversité du peuplement végétal
- ❖ Identifier, recenser et quantifier les services écosystèmiques
- ❖ Appréhender les perceptions communautaires sur les services écosystèmiques

Ce document comporte 4 parties réparties en 10 chapitres. Dans la première partie le cadre de l'étude a été décliné avec un état des connaissances sur les concepts de réserve de biosphère et de services écosystèmiques et une caractérisation biophysique et humaine. Dans la partie 2 nous avons établi les caractéristiques écologiques de la RBF. Ainsi, le zonage a été défini, la diversité taxonomique et les paramètres structuraux du peuplement végétal ont été étudiés.

La partie 3 s'intéresse à la quantification de services écosystèmiques dans la RBF (production et de la qualité des ressources herbagères, production de fourrage, de bois et séquestration de carbone par *Pterocarpus lucens*) et aux perceptions communautaires sur les différents services écosystèmiques. La dernière partie du document est consacrée à la discussion et la conclusion générales sur les résultats et sur les méthodes utilisées. Cette partie met en perspective le travail réalisé, notamment face à la grande question d'actualité : l'impact des aires protégées dans la conservation de la biodiversité mondiale.

Partie 1 :
LE CADRE DE L'ETUDE

Chapitre 1er :
LES CONCEPTS DE RÉSERVE DE BIOSPHÈRE ET DE SERVICES ECOSYSTÈMIQUES

1.1- LE CONCEPT DE RÉSERVE DE BIOSPHÈRE

1.1.1- Définition

Les réserves de biosphère sont conçues pour répondre à l'une des questions les plus essentielles qui se posent au monde d'aujourd'hui: comment concilier la diversité biologique, la quête vers le développement économique et social et le maintien des valeurs culturelles qui y sont associées ? (UNESCO, 1996).

Les réserves de biosphère sont des aires portant sur des écosystèmes ou une combinaison d'écosystèmes terrestres et côtiers/marins, reconnues au niveau international dans le cadre du Programme de l'UNESCO sur l'Homme et la biosphère (UNESCO, 1996). Elles sont reconnues sur le plan international, proposées par les gouvernements nationaux et restent sous la seule souveraineté de l'État sur le territoire duquel elles sont situées. Elles constituent en quelque sorte des laboratoires vivants d'étude et de démonstration de la gestion intégrée des terres, de l'eau et de la biodiversité.

Ce sont aussi des territoires où la participation citoyenne est encouragée. Par leur approche intégrative, les réserves de biosphère sont en adéquation avec les principes de l'approche par écosystème adoptés dans le cadre de la conservation sur la diversité biologique (UNESCO, 2000).

1.1.2- Historique du concept

L'origine des réserves de biosphère remonte à la "Conférence de la biosphère" organisée par l'UNESCO en 1968, la première au niveau intergouvernemental à rechercher une compatibilité entre la conservation et l'utilisation des ressources naturelles, préfigurant ainsi la notion actuelle de développement durable. Les conclusions de cette conférence menèrent en 1971 au lancement officiel du Programme intergouvernemental de l'UNESCO sur « l'Homme et la biosphère » (MAB). Les premières bases du concept de réserve de biosphère sont issues de cette conférence. Il importait en effet d'établir des zones terrestres et côtières représentatives des principaux écosystèmes où seraient protégées les ressources génétiques et où pourraient être conduits les recherches sur les écosystèmes et les autres travaux d'observation, d'étude et de formation du Programme MAB. Pour concrétiser une forte volonté d'application, un groupe de travail du programme MAB a créé en 1974 un réseau mondial regroupant des sites qui représentent les principaux écosystèmes de la planète, dans lesquels les ressources génétiques font l'objet d'une protection, et où des recherches sur les écosystèmes sont menées, parallèlement à des actions de surveillance et de formation. Ces sites ont reçu l'appellation de « Réserves de biosphère », en référence au programme MAB. Les premières réserves de biosphère, plus tard constituées en réseau mondial, ont été établies à partir de 1976 dans le cadre de ce programme.

Ainsi, il apparaît d'entrée de jeu que la préoccupation première de ce projet du MAB est d'essence scientifique, les zones désignées étant constituées d'écosystèmes représentatifs et visant à assurer une couverture biogéographique aussi complète que possible de la planète, permettant la conservation de la biodiversité de manière plus systématique qu'auparavant. Dans le même temps, les réserves de biosphère ne sont pas seulement des aires protégées. Leur objectif de conservation est en effet d'autant mieux poursuivi qu'il s'appuie, d'une part, sur la recherche, la surveillance et la formation, et d'autre part sur la coopération et l'intérêt des populations locales concernées.

En 1992, lors de la Conférence des Nations Unies sur l'environnement et le développement, tenue à Rio de Janeiro, le Programme "Action 21", les conventions sur la diversité biologique, sur les changements climatiques et sur la désertification ont été adoptées. Ces différents instruments ont tracé une voie vers ce qui est maintenant désigné sous le vocable de développement durable et qui prend en compte la sauvegarde de l'environnement et la préservation du capital de la nature de façon à assurer une plus grande justice sociale, ainsi que le respect des communautés rurales et de leur savoir-faire accumulé au cours du temps. La communauté internationale a besoin d'exemples concrets illustrant les idées qui ont émergé à l'occasion de la Conférence de Rio. De tels exemples ne sont valables que dans la mesure où ils répondent aux besoins d'ordre social, culturel, spirituel et économique de la société et sont fondés sur des bases scientifiques solides.

La Conférence internationale sur les réserves de biosphère, tenue à Séville en 1995, a confirmé que les réserves de biosphère offrent de tels exemples. Les actions décidées par cette conférence ont été inscrites dans la *Stratégie de Séville* et le *Cadre statutaire du Réseau mondial*, tous deux adoptés par la Conférence générale de l'UNESCO en 1995. Les réserves de biosphère sont ainsi appelées à jouer un rôle nouveau au niveau mondial. Elles doivent non seulement permettre aux populations qui y vivent ou vivent à proximité de s'épanouir en équilibre avec le milieu naturel, mais fournir aussi des sites où sont explorées les voies permettant de satisfaire d'une façon durable les besoins essentiels de la société. En 2000, à Pampelune (Espagne), la conférence Séville+5 a prolongé dans ses décisions les recommandations de Séville.

En 2008, s'est tenu en Espagne le 3ème congrès mondial des réserves de biosphère à Madrid. La principale conclusion de cette conférence a été l'élaboration du Plan d'action de Madrid sur les réserves de biosphère. Ce Plan entend tirer parti des avantages stratégiques des instruments de Séville et faire des réserves de biosphère dans les premières décennies du 21ème siècle les principaux sites consacrés à l'échelle internationale au développement durable (UNESCO, 2008).

Aujourd'hui, le MAB a plus de 40 ans d'expérience et est constitué d'un réseau de 631 réserves de biosphère dans 119 pays, dont 14 sites transfrontaliers (UNESCO, 2014). Elles constituent des sites d'étude et de démonstration des approches vers un développement durable et elles offrent un instrument propre à assurer la réalisation de nombreux objectifs de l'Action 21, comme par exemple la lutte contre la pauvreté.

Aujourd'hui, les réserves de biosphère ne sont plus des aires protégées mais des projets d'aménagement du territoire s'articulant autour d'aires protégées, des lieux d'expérimentation du développement durable et des zones servant de laboratoires pour des chercheurs des différentes disciplines nourrissant les sciences de la conservation au sens large (Beuret, 2006).

1.1.3- Les principes fondateurs

Selon Jardin (2008), les principes fondateurs des réserves de biosphère sont les trois fonctions, le zonage, la gestion participative, la politique ou le plan de gestion, les programmes de recherche, d'éducation et de surveillance et enfin l'examen périodique.

1.1.3.1- Les Fonctions d'une réserve de biosphère

Les réserves de biosphère doivent remplir trois fonctions majeures (figure 1), qui se complètent et se renforcent mutuellement :

- **Fonction de conservation** pour préserver les ressources génétiques, les espèces, les écosystèmes et les paysages.
- **Fonction de développement** pour encourager un développement économique et humain durable, respectueux des particularités socioculturelles et environnementales.
- **Fonction d'appui logistique** pour soutenir et encourager les activités de recherches, d'éducation, de formation et de surveillance continue et l'échange d'information concernant les questions locales, nationales et mondiales de conservation et de développement.

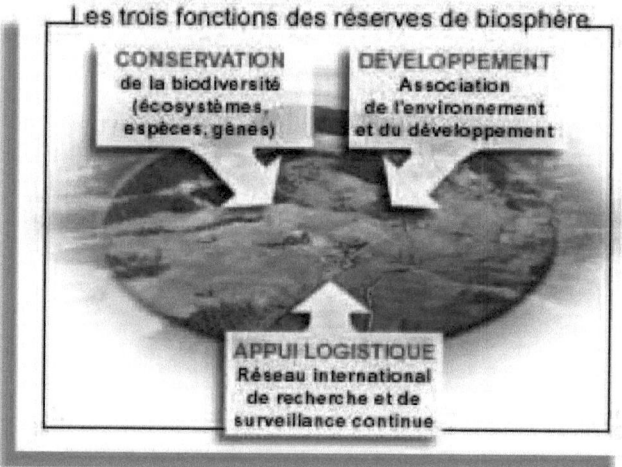

Figure 1: Les trois fonctions d'une réserve de biosphère (source : UNESCO)

L'élément clé est ici que les trois fonctions doivent être combinées (UNESCO, 1996) ce qui implique qu'elles se renforcent mutuellement. En outre, les trois fonctions sont d'importance égale, une fonction ne prédominant pas sur les autres. Il s'agit de promouvoir une approche intégrée.

1.1.3.2- Comment sont structurées les réserves de biosphère : le zonage

Pour remplir leurs fonctions complémentaires de conservation et d'utilisation des ressources naturelles, les réserves de biosphère sont constituées de trois zones interdépendantes : une ou des aire (s) centrale (s), une zone de tampon et une aire de transition (figure 2).

- **Une aire centrale** doit bénéficier d'un statut légal assurant, à long terme, la protection des paysages, des écosystèmes et des espèces qu'elle comporte. Elle doit être suffisamment vaste pour répondre aux objectifs de la conservation. Normalement, l'aire centrale doit être soustraite aux activités humaines, à l'exception des activités de recherche et de surveillance continue, et dans certains cas des activités de collecte traditionnelles exercées par les populations locales (UNESCO, 2008).
- **Une zone tampon** doit être clairement délimitée, elle entoure ou jouxte l'aire centrale. Les activités qui y sont menées ne doivent pas aller à l'encontre des objectifs de conservation assignés à l'aire centrale, mais elles doivent au contraire contribuer à la protection de celle-ci (d'où l'expression de rôle "tampon"). Cette zone peut être le lieu

de recherche expérimentale destinée, par exemple, à la mise au point de méthodes de gestion de la végétation naturelle, des terres de culture, des forêts, des ressources halieutiques, visant à accroître qualitativement la production tout en assurant, dans toute la mesure du possible, le maintien des processus naturels et de la biodiversité, y compris les ressources du sol. Les expérimentations peuvent également porter sur la réhabilitation des zones dégradées. Peuvent aussi s'y trouver des installations d'éducation, de formation, de tourisme et de loisirs.

- **Une aire de transition extérieure,** ou aire de coopération se prolongeant à l'extérieur de la réserve de biosphère, peut être le lieu d'activités agricoles, d'établissements humains ou d'autres usages. C'est une aire de cultures stables dans laquelle les techniques agricoles utilisées devraient être le moins perturbatrices possible au plan écologique et où la coopération des populations locales est systématiquement recherchée (Batisse, 1986 cité par Ramade, 2005). C'est là que les populations locales, les organismes chargés de la conservation, les scientifiques, les associations, les groupes culturels, les entreprises privées et autres partenaires doivent œuvrer ensemble pour gérer et développer les ressources de la région de façon durable, au profit des populations qui vivent sur place. Compte tenu du rôle important que les réserves de biosphère doivent jouer dans la gestion durable des ressources naturelles dans les régions où elles sont situées, les aires de transition présentent un grand intérêt pour le développement socio-économique régional.

L'application du zonage varie selon les contextes et implique souvent que la réserve de biosphère soit constituée d'une mosaïque d'aires protégées ayant des statuts plus ou moins contraignants, ainsi que de zones n'ayant pas le statut d'aires protégées et constituant l'aire de transition.

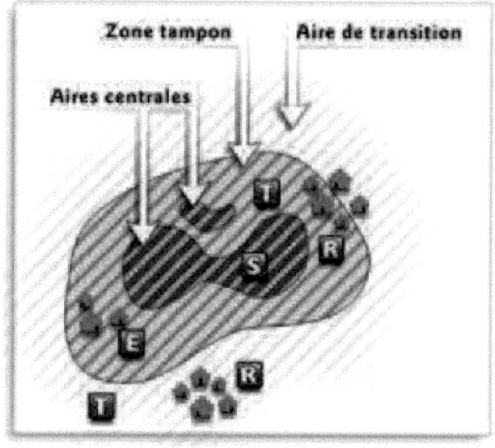 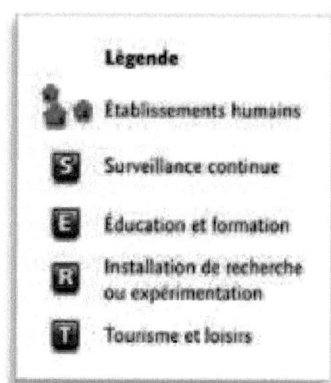

Figure 2: Zonation d'une réserve de biosphère *(copyright Unesco)*

1.1.3.3- La gestion participative

La gestion participative prévue dans le cadre statutaire et explicitée par la Stratégie de Séville (UNESCO, 1996), prévoit en particulier la résolution des conflits, l'octroi de bénéfices localement, le respect des modes de vie et des connaissances traditionnels, le maintien de la diversité culturelle, les utilisations indigènes, les sources alternatives de revenus, le partage des bénéfices, etc.

1.1.3.4- La politique ou le plan de gestion

Du point de vue institutionnel, le cadre statutaire des réserves de biosphère (UNESCO, 1996) rappelle que la réserve de biosphère doit faire l'objet d'une politique ou d'un plan de gestion de l'ensemble de l'aire concernée, et d'une autorité ou d'un mécanisme chargé de sa mise en œuvre. Cette disposition est explicitée dans l'Objectif II.2 de la Stratégie de Séville, qui recommande de mettre en place des mécanismes institutionnels permettant de gérer, coordonner et intégrer les programmes et activités, et d'établir un cadre pour la consultation locale c'est-à-dire de permettre une gestion participative.

Dans le cas de la RBF, un plan de coopération consensuel a été élaboré et le Conseil de Coordination est en gestation. Ce conseil sera l'autorité responsable de la prise de décision dans la conception, la mise en œuvre et le suivi-évaluation du plan de coopération de la RBF. Ce conseil est une plateforme de dialogue et un élément essentiel pour la coordination des différentes actions menées dans la Réserve de Biosphère. Sa composition est fortement liée au contexte du site. Au rang des membres de ce Conseil, figurent tous les acteurs concernés par la gestion de la Réserve de Biosphère du Ferlo, la Direction des Eaux, Forêts, Chasses et Conservation des Sols (DEFCCS) et la Direction des Parcs nationaux (DPN), la Direction de l'élevage, l'Administration territoriale, les collectivités locales (élus locaux), le conseil scientifique et les organisations communautaires de base.

1.1.3.5- Les programmes de recherche, de surveillance continue, d'éducation et de formation

Des programmes de recherche, de surveillance continue, d'éducation et de formation doivent être en place. C'est la fonction dite logistique. La Stratégie de Séville développe le type d'activité à mener à cet égard, dans son Objectif III. Les réserves de biosphère sont conçues pour être des sites de démonstration aux approches de développement durable.

Dans la réserve de biosphère du Ferlo, les activités de surveillance continue sont assurées par les services techniques déconcentrés de l'Etat avec l'implication des communautés locales (écogardes) et la collaboration avec l'autorité de gestion (Ngom, 2011). Ces derniers auront à charge :

- la mise en place des bornes et panneaux de délimitation des aires de conservation et leur prise de possession, en même tant que leur surveillance ;
- les actions d'aménagement dans les zones de conservation (DEFCCS et DPN) et de structuration des espaces de coopération ;
- la poursuite de la dynamique de mise en place des unités pastorales dans l'espace entourant les noyaux de conservation;
- l'appui aux zones de conservation et la poursuite de l'érection des RNC pour le complexe écologique Réserve de Biosphère du Ferlo-Réserve de Biosphère du Niokolo Koba (RBNK) afin de favoriser le corridor de migration de la faune.

En plus des activités de protection et de surveillance, des programmes d'éducation, de formation et de restauration de la faune sahélo-saharienne menacée de disparition sont mis en œuvre en collaboration les universités, les instituts de recherche, les partenaires financiers et les communautés locales.

1.1.3.6- l'examen périodique

Enfin, le cadre statutaire prévoit dans son article 9 une obligation d'examen périodique, tous les dix ans, destiné à inciter les autorités responsables à évaluer l'état et le fonctionnement de leur Réserve de Biosphère. Le rapport adressé au Secrétariat est soumis au Conseil du MAB, qui peut recommander des améliorations, et dans certains cas estimer que le site ne répond plus aux critères.

Il faut noter que seules les réserves de biosphères ayant plus de 10 ans d'existence sont concernées par l'examen périodique.

1.1.4- Quels sont les avantages des réserves de biosphère ?

Le concept de réserve de biosphère peut être utilisé comme un cadre permettant d'orienter et de renforcer des projets visant à améliorer les modes de subsistance des populations et à assurer un environnement durable. La reconnaissance de l'UNESCO peut servir à mettre en lumière et à récompenser les efforts mis en œuvre. La désignation d'un site comme réserve de biosphère peut aider grandement à sensibiliser les populations locales, les citoyens et les autorités gouvernementales aux questions d'environnement et de développement. Elle peut contribuer à attirer un financement supplémentaire en provenance de sources variées. Au niveau national, les réserves de biosphère peuvent servir de sites pilotes ou de « lieux d'apprentissage » où sont tentées des approches à la conservation et au développement durable pouvant servir de modèles à exploiter dans d'autres réserves de biosphère. Par ailleurs, elles offrent aux pays des moyens concrets de mettre en œuvre l'Action 21, la Convention sur la diversité biologique (par exemple l'Approche par écosystème), plusieurs Objectifs du millénaire pour le développement (comme la durabilité environnementale), et la Décennie des Nations Unies pour l'éducation en vue du développement durable. Dans le cas de vastes aires naturelles situées de part et d'autre des frontières nationales, des réserves de biosphère transfrontières peuvent être créées conjointement par les pays concernés, témoignant ainsi de longs efforts de coopération.

1.1.5- Critères requis pour la désignation d'une RB

Selon le cadre statutaire des réserves de biosphère (UNESCO, 1996), les critères généraux à remplir par une aire en vue de sa désignation comme réserve de biosphère sont :

- L'aire devrait englober une mosaïque de systèmes écologiques représentatifs des grandes régions biogéographiques, incluant une série graduée d'interventions humaines existantes.
- Elle devrait être importante pour la conservation de la diversité biologique c'est-à-dire comporter des paysages, des écosystèmes, des espèces ou variétés animales et végétales qui ont besoin d'être conservés.

- Elle devrait offrir la possibilité d'étudier et de démontrer des approches de développement durable au niveau du territoire plus étendu où elle est située.
- Elle devrait avoir une taille appropriée pour remplir les fonctions attribuées aux réserves de biosphère.
- Elle devrait comporter un système de zonage approprié, avec des aires centrales ou zones de protection à long terme, légalement établies, des zones tampon clairement identifiées et une aire de transition entourant l'ensemble.
- Des dispositions devraient être prises pour intéresser et associer un éventail approprié notamment, de pouvoirs publics, communautés locales et intérêts privés à la conception et à la mise en œuvre des fonctions de la réserve de biosphère.
- Devraient être prévus en outre : (a) des mécanismes de gestion de l'utilisation des ressources et des activités humaine dans la zone tampon ; (b) un plan ou une politique de gestion de l'ensemble de l'aire considérée comme réserve de biosphère et (c) une autorité ou un mécanisme désigné pour mettre en œuvre cette politique ou ce plan.

1.1.6- Les réserves de biosphère au Sénégal

La constance dans la politique de conservation de la biodiversité est fort ancienne au Sénégal. En effet, il faut remonter en 1926 pour trouver les premières décisions importantes réglementant la gestion de la faune au Sénégal. En effet c'est en 1926 que fut créé un "Parc de Refuge" sur la rive gauche de la Kouloountou, ce qui consacre pour la première fois la création d'une aire protégée sur le territoire du Sénégal (Sow et Akpo, 2011).

Dans la même lancée, le Sénégal a adhéré au Programme international MAB depuis sa création en 1971. De 1979 à nos jours, 5 sites ont été érigés en réserve de biosphère (tableau 1), faisant du Sénégal le troisième pays africain par le nombre de ses réserves de biosphère derrière l'Afrique du Sud et le Kenya. En termes de superficie, les 5 réserves de biosphère du Sénégal occupent 4 022 655 ha soit 20% du territoire national.

Tableau 1: Les réserves de biosphère du Sénégal

Nom de la réserve	Année	Zone écogéographique	Superficie
Réserve de Biosphère de Samba Dia (RBSD)	1979	Bassin arachidier	760 ha
Réserve de Biosphère du Niokolo-Koba (RBNK)	1981	Zone sud-est	913 000 ha
Réserve de Biosphère du Delta du Saloum (RBDS)	1981	Bassin arachidier	408 913 ha
Réserve de Biosphère Transfrontalière du Delta du Fleuve Sénégal (RBTDFS)	2005	Vallée du Fleuve Sénégal	641 768 ha
Réserve de Biosphère du Ferlo (RBF)	2012	Zone sylvo-pastorale	2 058 214 ha

1.2- LES SERVICES ÉCOSYSTÉMIQUES

1.2.1- Définition

Les écosystèmes terrestres fournissent à l'humanité des bénéfices très diversifiés connus sous l'appellation de «biens et services écosystèmiques ». Les biens produits par les écosystèmes comprennent la nourriture (viande, poisson, légumes, etc.), l'eau, les carburants et le bois. Les services comprennent l'approvisionnement en eau et la purification de l'air, le recyclage naturel des déchets, la formation du sol, la pollinisation et les mécanismes régulateurs que la nature, laissée à elle-même, utilise pour contrôler les conditions climatiques et les populations d'animaux, d'insectes et autres organismes (Commission Européenne, 2009).

1.2.2- Historique

L'Évaluation des écosystèmes pour le millénaire (EM) est née en 2000 à la demande du Secrétaire général des Nations Unies, Kofi Anan. Démarrée en 2001, elle avait pour objectif d'évaluer les conséquences des changements écosystèmiques sur le bien-être humain; elle doit également établir la base scientifique pour mettre en œuvre les actions nécessaires à l'amélioration de la conservation et de l'utilisation durable de ces systèmes, ainsi que de leur contribution au bien-être humain.

Elle a été conduite entre 2001 et 2005 pour évaluer les conséquences de l'évolution des écosystème sur le bien-être de l'Homme et pour établir la base scientifique des actions requises pour un renforcement de la conservation des écosystèmes, de leur exploitation de manière durable et leurs contributions au bien-être de l'Homme (MEA, 2005).

Le travail abattu dans le cadre de l'EM s'est fait au sein de quatre groupes de travail ayant chacun produit un rapport relatif aux conclusions de ses investigations. Environ 1360 experts provenant de 95 pays ont été impliqués en tant qu'auteurs des rapports d'évaluation, partie prenante aux évaluations globales aux échelles intermédiaires, ou comme membres du Comité chargé de superviser la revue.

L'Évaluation des écosystèmes pour le millénaire, a dressé pour la première fois le bilan de nos écosystèmes à l'échelle mondiale et évalué leur capacité à nous fournir des services (WRI, 2008). Publié en 2005, le MEA a eu un impact considérable, qui tient d'abord à la proposition d'un cadre commun de réflexion sur les écosystèmes en lien avec le bien-être social, à la définition du concept de « service écosystèmique », aussi appelé « service écologique » (les humains utilisent les propriétés des écosystèmes librement), et à l'élaboration d'une typologie de ces services écologiques.

1.2.3- Typologie des services écosystèmiques

Les services écosystèmiques sont tellement abondants et diverses qu'il est difficile de faire une typologie illustrative (Myers, 1996). Cependant, le MEA (2005) a procédé à une classification consensuelle des services écosystèmiques en quatre catégories : services de prélèvement, services de régulation, services culturels et services d'auto-entretien.

- **Les services d'approvisionnement ou de prélèvement**

Ces services rassemblent les ressources matérielles (ou biens écosystèmiques) fournies par les écosystèmes aux humains : plantes consommées, sauvages et cultivées, poissons, gibier et animaux d'élevage, eau potable (donc nappes phréatiques et cours d'eau oligotrophes), bois de chauffage, fibres textiles, substances pharmaceutiques, etc. Ils incluent les espèces à l'origine de futurs médicaments et les populations sources de nouvelles variétés génétiques, précieuses au plan agronomique (Couvet et Couvet, 2010). Ces services conduisent à des biens « appropriables » qui peuvent être autoconsommés, échangées telles quelles ou transformées, ou mis en marché. Ces ressources ont une valeur marchande, ce qui est plus rarement le cas des catégories suivantes.

- **Les services de régulation**

Ces services matérialisent la capacité à moduler dans un sens favorable à l'homme des phénomènes comme le climat, l'occurrence et l'ampleur des maladies (humaines mais aussi animales et végétales) ou différents aspects du cycle de l'eau (crues, étiages, qualité physico-chimique), ou à protéger d'événements catastrophiques (cyclones, tsunamis, pluies diluviennes) ; contrairement aux services d'approvisionnement, ces services de régulation sont généralement non appropriables et ont plutôt un statut de biens publics (Chevassus-au-Louis al. et, 2009).

- **Les services culturels**

Les services culturels, les bénéfices d'agrément, les apports d'ordre spirituel, religieux et les autres avantages non matériels tels que l'utilisation des écosystèmes à des fins récréatives, esthétiques et éducatives. (Von Dach et al., 2004).

- **Les services d'entretien ou d'appui**

Les services d'entretien ne sont pas directement utilisés par l'homme mais conditionnent le bon fonctionnement des écosystèmes, à court terme mais également dans leur capacité d'adaptation à long terme : capacité de recyclage des nutriments, pédogenèse (formation des sols à partir de la roche mère), importance de la production primaire comme premier maillon des chaînes alimentaires, résistance à l'invasion par des espèces étrangères, etc (MEA, 2005).

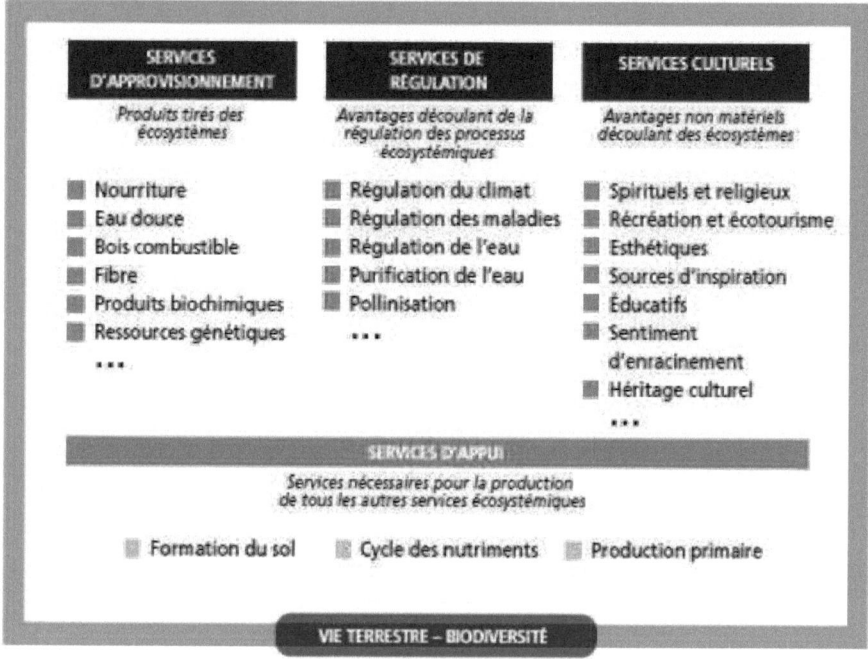

Figure 3: Typologie des services écosystèmiques selon la MEA (2005)

1.3- RELATION ENTRE RÉSERVES DE BIOSPHÈRE ET SERVICES ÉCOSYSTÉMIQUES

La notion de service écosystèmique est une approche fonctionnelle au sens large de la relation homme-biodiversité, qui dépasse les conceptions utilitaristes de la nature en tenant compte de la dimension culturelle (Couvet & Couvet, 2010). Ainsi, elle met en évidence l'ensemble des valeurs et enjeux associés à la biodiversité dans les réserves de biosphère. En effet, l'objectif principal des activités menées par les réserves de biosphère est de concilier la conservation de la nature (à la base de la qualité de vie) et l'utilisation responsable des services écosystèmiques, afin de promouvoir le développement durable pour le bien-être des communautés, de l'économie et de l'environnement.

Le Plan d'Action de Madrid (2008-2013) élaboré lors du 3ème congrès mondial des réserves de biosphère à Madrid en 2008, a identifié la fourniture des services écosystèmiques comme un défi émergent auquel les réserves de biosphères peuvent contribuer au maintien. En effet, la conception des réserves de biosphère comme sites du développement durable peut être interprétée comme un effort engagé de conception et de mise en place d'une combinaison locale de services de support, de subsistance, de régulation et culturels visant le bien-être environnemental, économique et social des communautés résidentes et des acteurs concernés. Les différentes aires d'une réserve de biosphère, peuvent servir à attirer de nouveaux investissements dans des services jusque là négligés (régulation du climat, purification de l'eau, conservation de la biodiversité) et à améliorer les résultats environnementaux et sociaux en termes de services de subsistance (agriculture, foresterie, pêche) et de services culturels (tourisme), principaux bénéficiaires à ce jour des investissements. (UNESCO, 2008). Ainsi, les réserves de biosphère sont présentées comme des zones de fourniture des services écosystèmiques et de démonstration des mesures d'adaptation pour les systèmes naturels et humains, facilitant le développement de stratégies et de pratiques de résilience (UNESCO, 2012) ; ce qui constitue un argument primordial pour promouvoir la conservation de la biodiversité (Myers, 1996).

Chapitre 2:
LE FERLO : MILIEU BIOPHYSIQUE ET HUMAIN

2.1- LE MILIEU PHYSIQUE
2.1.1- La région naturelle du Ferlo

La région naturelle du Ferlo, appelée zone sylvopastorale, couvre une superficie de 75.000 km². Elle est limitée à l'Est et au Nord par la vallée du Fleuve Sénégal, à l'Ouest par le Lac de Guiers et au Sud par le bassin arachidier (figure 4). Le mot Ferlo viendrait du nom de la vallée du fleuve qui traverse la zone et serait lié au terme « ferlade » qui signifie en Peul « s'asseoir comme un tailleur », d'où une idée de lieu marqué par la tranquillité et la sécurité. Le terme Ferlo pourrait aussi signifier « partir, émigrer, se déplacer » ce qui est le mode d'exploitation actuelle du milieu par le pastoralisme (Sow & Akpo, 2011).

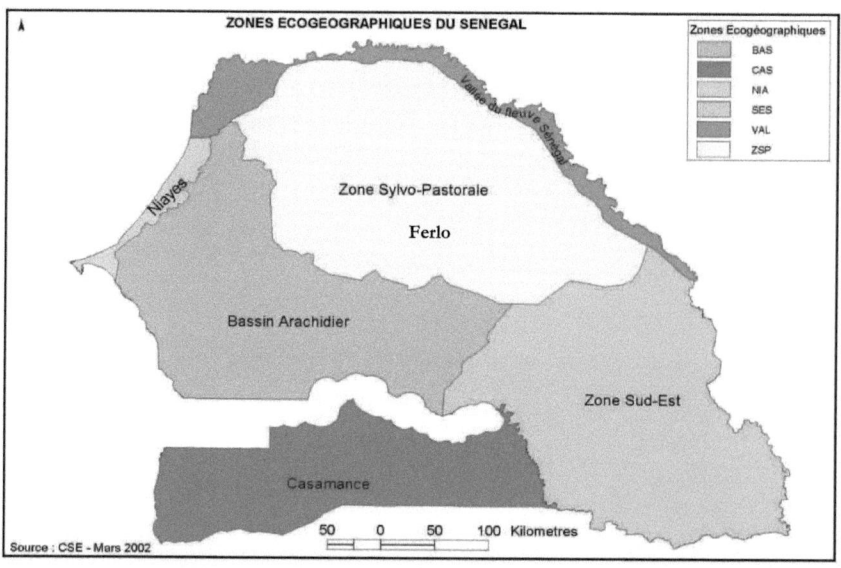

Figure 4: Carte des zones écogéographiques du Sénégal

Sur le plan administratif, le Ferlo est à cheval sur les régions de Diourbel, Saint-Louis, Tambacouda et Louga. La densité est de 3 habitants au Km², avec un taux d'accroissement de la population de l'ordre de 0,9% depuis 60 ans. C'est l'un des plus faibles, sinon le plus faible du sahel (Barral et al, 1983). Depuis toujours, les systèmes de production du Ferlo combinent trois activités économiques principales : l'élevage, l'agriculture et la cueillette (Touré, 1997).

2.1.2- Le site de la réserve de biosphère du Ferlo (RBF)

Le territoire de la Réserve de Biosphère du Ferlo se situe dans la zone sylvopastorale du Ferlo au nord-est du Sénégal entre 14°24'-16°11' de latitude N et 13°07'- 14°51' de longitude W (figure 5). C'est une zone de bas plateaux et de plaines alluviales.

La RBF couvre une superficie de 20 562,14 km². Elle est limitée au nord par le département de Podor, à l'Est par les départements de Matam, Ranérou et Kanel, au Sud par le département de Tambacounda et à l'ouest par le département de Linguère.

Plusieurs groupes ethniques (Peuls, Wolofs, Maures) cohabitent dans cet espace avec une prédominance des Peuls.

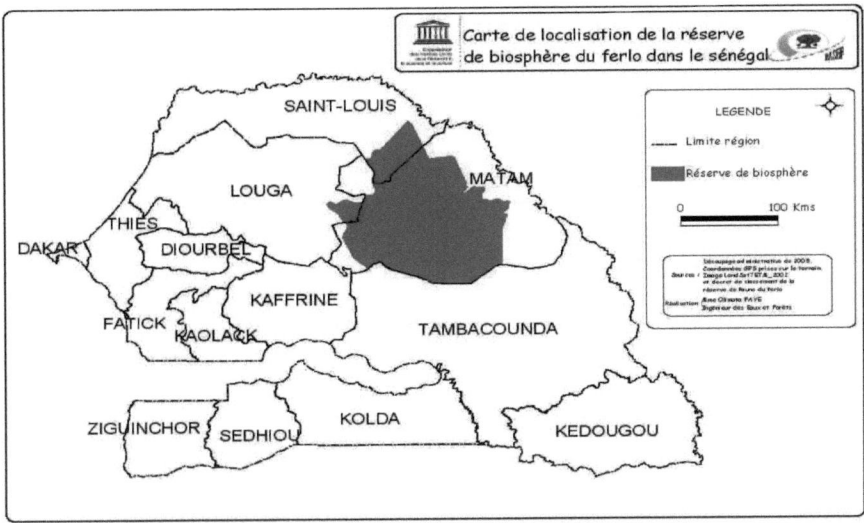

Figure 5: Carte de localisation de la Réserve de Biosphère du Ferlo

Du point de vue administratif la Réserve de Biosphère du Ferlo est à cheval entre 3 régions; 5 départements, 6 arrondissements et 13 communautés rurales (figure 6). Les régions concernées sont Matam, Saint-Louis et Louga.

Les départements et Communautés Rurales concernés sont :
- Dans le département de Ranérou-Ferlo : Oudalaye, Vélingara et Lougré thioly;
- Dans le département de Podor : Pété, Mboumba et Galoya toucouleur ;
- Dans le département de Matam : Ogo, Oréfondé, Agnam civol et Dabia ;
- Dans le département de Kanel : Ouro Sidy et Ndendory ;(ancien Sinthiou Bamambé) ;
- Dans le département de Linguère : Barkedji.

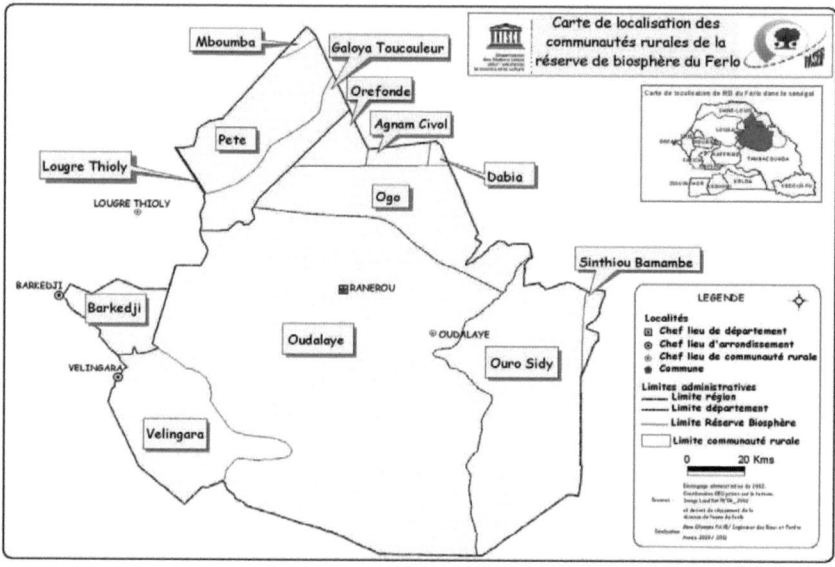

Figure 6: Carte de localisation des communautés rurales

2.1.3- Caractéristiques géologiques et morpho-pédologiques
2.1.3.1- Géologie

Le Ferlo fait partie du bassin sénégalo-mauritanien composé de roches sédimentaires d'âge secondaire, recouvertes de sédiments éoliens plus récents, d'alluvions et par endroit d'une croûte latéritique. L'altitude dépasse rarement 50 m sauf au niveau des accumulations dunaires importantes. Le substrat géologique est presque entièrement constitué de formations grésoargileuses du Continental Terminal, formations épaisses de plus de 100 m (Sow & Akpo, 2011). A partir de l'Eocène supérieur, un environnement continental s'installait progressivement sur le bassin, entraînant une forte altération des sédiments marins du Miocéne (Sagne, 2002). La séquence sédimentaire altérée qui en a résulté, plus connue sous le nom de « Continental terminal » a recouvert la majeure partie du Ferlo avec une épaisseur de 130 m par endroits.

La formation des plateaux cuirassés rencontrés dans la réserve de biosphère remonterait à la fin du Tertiaire et au début du Quaternaire. Ces cuirasses recouvrent la topographie plane des vastes plateaux tabulaires retrouvés jusqu'au centre et sud-est du pays, et elles reposent généralement sur les grés du Continental Terminal. Sur ce dernier vont se déposer des formations ferrugineuses compactes de 1 à 2 m d'épaisseur, le tout recouvert de dépôts fluvio-lacustres de 5 à 40 m d'épaisseur, plus ou moins désagrégés en ferralite (Le Houérou, 1989).

2.1.3.2- Géomorphologie

Au plan géomorphologique on distingue du nord au sud une succession de dunes, sous des formes et des niveaux d'évolution très variés. Leur allure générale s'aplanit progressivement dans le sens nord-sud pour se terminer par une topographie quasi plane laissant transparaître les affleurements rocheux de la cuirasse (Sagne, 2002).

Le Continental Terminal est recouvert par les sables du Quaternaire qui donnent des formations sableuses dunaires (**Seno**) larges de 1 à 5 m. Le système ogolien ou « dunes rouges » âgé de 15000 à 20000 ans BP, est constitué de rides asymétriques (buttes et versants). Hautes de 10 à 30 m, longs de 20 à 50 km et larges de 0,5 à 5 km, elles sont distantes les unes des autres de 1 à 5 km. Ces rides sont orientées selon la direction NE-SO, l'orientation des principaux vents continentaux et de l'harmattan (Ngom, 2008). Les dunes ogoliennes ont été localement remaniées en très petites dunes paraboliques d'orientation NNE-SSO. Ces dunes rouges forment des cordons dunaires asymétriques (**tulle**) hauts de 10 à 30 m et les parties basses du Ferlo sont des dépressions longitudinales à sols sablo argileux grisâtres localement calcaireux et sols hydromorphes engorgés d'eau temporairement. Aussi ces dépressions sont les lieux de localisation des mares temporaires. Au niveau des vallées fossiles on note surtout le dépôt d'alluvions fluviatiles. Dans la partie orientale ce substrat est coiffé d'une cuirasse ferrugineuse plus ou moins démantelée et recimentée en une cuirasse gravillonnaire ou conglomératique sur laquelle reposent parfois des sables quaternaires (Sow & Akpo, 2011).

Les débris de cuirasse et des gravillons ferrugineux affleurent. Des manifestations d'érosion hydrique et éolienne caractérisée par de petites rigoles et de petites plages de décapage, ont été observées aux environnements immédiats des affleurements.

2.1.3.3- Relief et sols

La zone du Ferlo correspond ainsi à de vastes plateaux sableux, très monotones s'étendant sur tout le bassin sédimentaire du Secondaire et du Tertiaire. Ces plateaux sont relativement plats et parsemés de collines peu élevées et des vallées fossiles.

Selon Sow & Akpo (2010), on y distingue deux grands secteurs :
- Le Ferlo central et méridional, accidenté et latéritique (Ferlo boundou) : le modelé se présente sous forme d'un plateau sableux très uniforme constitué par les grès du Continental Terminal. Le plateau s'abaisse d'Ouest en Est jusqu'à 25 à 30 mètres. Dans

sa partie orientale, il se termine par une petite cuesta au dessus des bordures de la vallée du Sénégal et des plaines de la basse Falémé. Ce plateau est incisé d'un réseau de vallées mortes du Ferlo et il est découpé en une série de buttes coiffées de cuirasses et dominant des glacis sableux. C'est le Ferlo cuirassé.

- Le Ferlo septentrional a un modelé plus uniforme et d'altitude plus faible, ne dépassant que rarement 50 mètres. Il correspond à un erg de dunes longitudinales très émoussées entièrement fixées par la végétation. C'est le Ferlo sableux.

Le relief, bien que peu accentué avec des pentes inférieures à 3% (Cornet, 1981) joue un rôle dans l'évolution des sols. La différenciation est due pour l'essentiel aux dynamiques internes et externes de l'eau.

Trois types de sols sont présents :

- les *« baldioul »* ou Dekk qui sont des sols argileux hydromorphes rencontrés dans les dépressions (*Caatngol*) comprenant les bas fonds et les vallées. On les trouve dans les zones souvent d'altitude basse dont le substrat comprend une proportion relativement importante d'argile. Ces sols abritent souvent les rares cultures de sorgho et de maïs.
- Les *« seno »* ou Dekk Dior sont des sols sableux à sablo-argileux. Ils occupent les plaines des paysages dunaires au relief peu accentué. Ils constituent les terres de la culture du mil. Le vent entraîne une accumulation de sable de plus en plus marquée sur les micro-buttes encore couvertes de végétation (Ngom, 2008).
- Les *« sangré »* qui sont des sols gravillonnaires ferrugineux fragiles et impropres aux cultures. Le substrat qui est la cuirasse est une couche stérile, de couleur rouge foncée, formé de graviers liés par un ciment argileux. La présence de nombreuses plages nues pelliculaires contribue à la faible productivité du couvert herbacé discontinu. Ces tâches nues circulaires semblent se développer préférentiellement là où l'horizon gravillonnaire est le plus proche de la surface (Barral & *al.*, 1983).

2.1.4- Hydrographie

Le Ferlo sableux n'a pas de réseau hydrographique organisé et l'eau de ruissellement s'accumule en mares temporaires. Le Ferlo cuirassé a un réseau hydrographique organisé avec des marigots à écoulement saisonnier et des axes de drainage dont l'exutoire est la vallée fossile du Ferlo.

2.1.4.1- les nappes souterraines
2.1.4.1.1- La nappe du Maestrichtien

La nappe aquifère du Maestrichtien a été découverte en 1938 et couvre une superficie de 150 000 km². Celle-ci a permis à l'administration coloniale d'abord, puis aux autorités du Sénégal indépendant de modifier considérablement les conditions d'exploitation du Ferlo. Cette nappe se trouve dans les sables et grés du Mæstrichtien (fin de l'ère secondaire). Avec une réserve hydrique évaluée environ à 5.10^{12} m³, la nappe maestrichtienne est contenue dans les sables et grés du Maestrichtien. L'alimentation de cette nappe s'effectue à partir des crues du fleuve Sénégal et elle est en partie fossile. Son potentiel est estimé à 500 000 m³. La profondeur de cet aquifère est comprise entre 200 et 300 m (Naegale, 1971). Les structures d'exploitation de cette nappe sont les forages pastoraux. Conçu au départ comme de simples points d'eau, ces forages sont devenus par la suite le moteur de la vie, le coeur de toute la zone d'influence. Ils fonctionnent pour la plupart avec des pompes Diesel ; certains sont cependant exploités manuellement ou avec l'énergie animale (Diop & al., 2004).

2.1.4.1.2- La nappe du Continental terminal

Le Continental terminal coule sur les grés argilo-sableux de la fin de l'ère tertiaire et du début du Quaternaire. C'est un aquifère qui couvre presque tout le pays, avec un potentiel estimé à 450 000 m³ /j (République du Sénégal/MEPN, 1998). La profondeur de cette nappe est comprise entre 40 et 100 m au Ferlo.
Les puits généralement très profonds dans la zone, constituent les principales structures d'exploitation de cette nappe. Ces puits a sont des sources d'approvisionnement en eau « potable » et à l'abreuvement du bétail des villageois mais aussi des transhumants. Ils subissent une très forte pression pendant la saison sèche avec l'assèchement des mares. Les populations passent des journées entières à recherche de l'eau. En effet, ces puits sont confrontés à la vétusté, au tarissement en saison sèche et à un ensablement.

2.1.4.2- Les eaux superficielles
2.1.4.2.1- Les vallées :

La réserve de biosphère du Ferlo est traversée par des vallées fossiles dont la plus importante est la vallée du Ferlo. Ces vallées sont d'anciens cours d'eau asséchés par les sécheresses cycliques des années 1970. Les fonds de ces vallées sont remplis de sables dunaires.
Ces vallées ont un écoulement temporaire qui dépend de l'importance des pluies. Ainsi, on peut constater un écoulement torrentiel juste après l'arrêt des pluies suivi un à trois mois après d'une

absence d'écoulements superficiels (Diouf, 2000). C'est au niveau des lits de ces vallées que l'on rencontre les « céanes » (puisards de nappes alluviales).

2.1.4.2.2- les mares :

Le territoire de la réserve de biosphère est pourvu d'un réseau de points d'eau temporaires, les mares. Ce sont des cuvettes ou des petites dépressions, nombreuses et de dimensions différentes. Ces cuvettes recueillent les eaux de ruissellement pendant la saison pluvieuse. Si certaines ne sont que des flaques de quelques dizaines de m², d'autres atteignent des ha. La topographie de ces mares est en général très plate, et rares sont celles qui, même dans les années de bonne pluviométrie, présentent des fonds d'eau de plus de 1,50 m (Diop et *al.*, 2004).

Les mares jalonnent souvent le tracé des cours d'eau disparus dont l'ancien lit est plus ou moins remblayé par des apports éoliens et des matériaux entraînés par les eaux de ruissellement.

Avant l'installation des premiers forages, les mares constituaient les seuls points d'abreuvement des populations et du cheptel pendant la saison des pluies. Les zones d'habitations étaient organisées, conditionnées même, autour d'une mare ou d'un système de mares. La richesse de la toponymie des populations locales (en majorité des Peul) indique d'ailleurs la diversité et de la valeur pastorale de ces mares. Chacune d'elles porte un nom qui permet de la distinguer d'une autre et aussi de la caractériser selon son importance, la végétation autour, les animaux particuliers qui les fréquentent (Diop et *al.*, 2004).

Les mares qui sont généralement temporaires (2 à 3 mois après la saison des pluies) servent de points d'eau pour la boisson des populations locales mais aussi l'abreuvement du bétail. Ces points d'eau naturels présentent l'avantage d'être à côté des habitations et ne demandent aucun investissement pour leur exploitation.

Les déficits pluviométriques répétés de ces dernières décennies n'ont cependant pas épargné ces mares. Si certaines s'assèchent très tôt ou parfois ne sont pas en eau, d'autres font l'objet de fréquentation par des populations avec leur troupeau qui ne respectent pas toujours les mesures de gestion pour une utilisation durable (Diop et *al.*, 2004).

Photo 1: Mares dans la réserve de biosphère du Ferlo (crédit photo PGIES)

2.1.5- Le climat et ses caractéristiques

2.1.5.1- Température et pluviométrie

La réserve de biosphère du Ferlo est située dans la zone sahélo-soudanienne avec un climat de type tropical sec caractérisé par des pluies qui s'étendent de juin à octobre, permettant de distinguer classiquement dans l'année deux périodes : une saison sèche (P<0,35 ETP) de 7 à 9 mois (octobre à mai) et une saison des pluies (P≥ 0,35 ETP) de 3 à 5 mois.

Les données pluviométriques de la station de référence de Ranerou montrent que la moyenne des précipitations sur 51 années (1960-2011) est de 474 mm/an pour 29 jours de pluie en moyenne. L'année la plus humide de la série observée, 1969, a enregistré 845 mm pour 36 jours de pluie, en revanche les deux années les plus déficitaires sont 1983 (254 mm) et 1971 (275 mm). Ces deux années correspondent aux deux grandes sécheresses du Sahel.

La température moyenne annuelle s'établit à 28,6° mais avec des amplitudes thermiques élevées. Les valeurs moyennes des températures minimales et maximales mensuelles sont respectivement de 17°C (décembre) et 43°C (mai).

Le diagramme ombrothermique (figure 7) permet de distinguer les mois secs de la période humide. Selon Bagnouls et Gaussen (1953) un mois est sec lorsque les précipitations exprimées en millimètres sont inférieures au double de la température en °C (P<2T). La période biologiquement humide correspond aux trois les plus pluvieux (84% des pluies). Le mois d'août est le mois le plus pluvieux avec 35% des quantités de pluies, suivi du mois de septembre (27%) et juillet (22%).

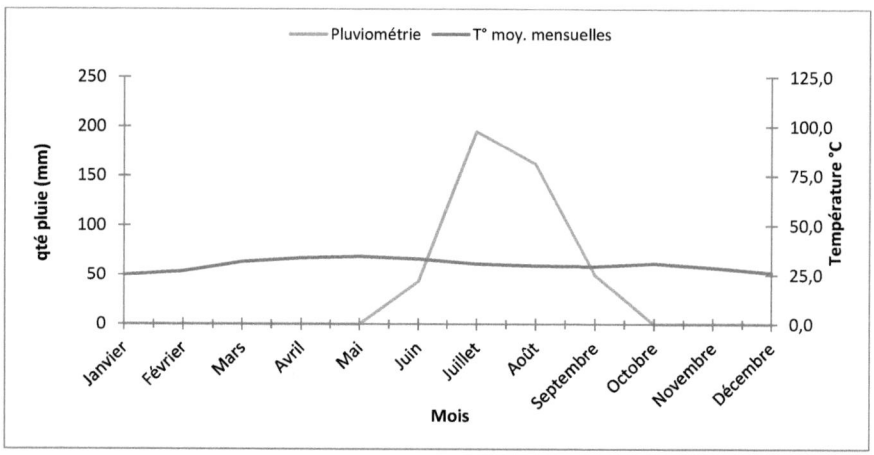

Figure 7: Diagramme ombrothermique de la RBF

Pour analyser les tendances évolutives de la pluviométrie de 1960 à 2011 dans la RBF, nous avons appliqué à la série chronologique la méthode de la différence normalisée (Katz & Glantz, 1986) et celle de la moyenne mobile pondérée (Olivry, 1983 ; Albergel & *al.*, 1985 ; Grouzis & *al.*, 1989).

Les résultats consignés sur la figure 8 et 9 indiquent une variabilité interannuelle de la quantité de pluies et font apparaître une nette concordance entre les deux méthodes qui permettent de distinguer trois périodes relativement bien distinctes. La première s'étend du début des observations (1960) jusqu'en 1969 et se caractérise par une succession d'années excédentaires avec des quantités de pluies supérieures à la moyenne. La deuxième qui s'étend de 1970 en 2008 est caractérisée par une fréquence élevée d'années déficitaires. Durant cette période le sahel a connu deux sécheresses (1971-1974 et 1982-1984) qui sont bien matérialisées dans les deux figures. La troisième a débuté à partir de 2008 avec un retour des années excédentaires.

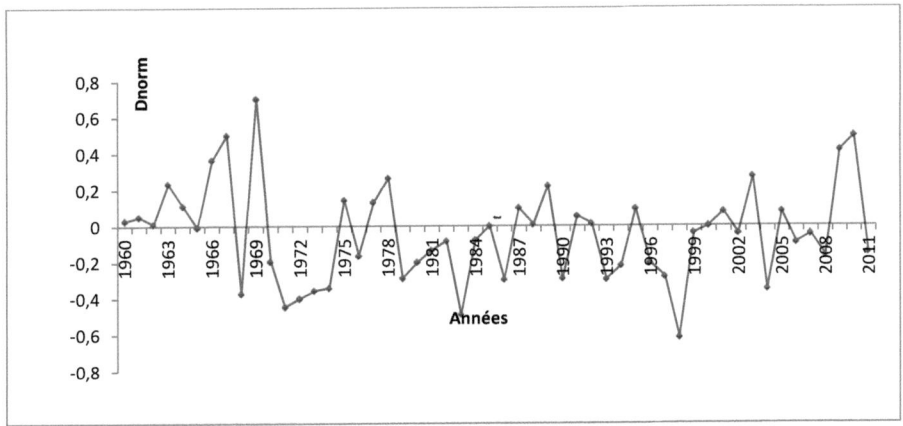

Figure 8: Tendances évolutives de la pluviosité annuelle par la méthode de la différence normalisée

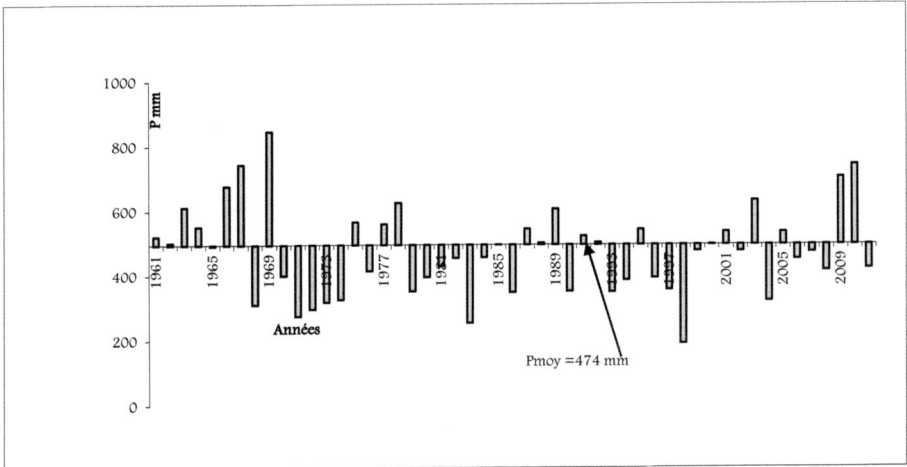

Figure 9: Tendances évolutives de la pluviosité annuelle par la méthode des moyennes mobiles pondérées

2.1.5.2- *Les vents*

Les vents sont dominés par l'alizé continental (harmattan) et la mousson qui caractérisent les températures. L'alizé continental né de l'anticyclone saharien souffle pendant une bonne période de l'année dans la réserve de biosphère du Ferlo (d'octobre à mai) à des vitesses élevées entre 3 et 4,5m/s (Sow & Akpo, 2011). En raison de son caractère chaud et sec, il fait monter les températures jusqu'à 47° au mois de mai. Ces fortes températures connaissent une baisse très importante en décembre-janvier, mois durant lesquels l'air polaire issu des régions tempérées fait son entrée dans la zone (Diouf, 2000).

La mousson issue des hautes pressions de Saint-Hélène est perceptible dans la zone à partir du mois de juin. Elle est marquée par la présence des vents d'Ouest, avec un quadrant Sud à Ouest dominant. Dans ce quadrant, c'est le secteur SO qui enregistre les vitesses les plus élevées allant de 3,1 à 3,9 m/s (Sow & Akpo, 2011). La mousson est caractérisée par son humidité, elle est le vecteur des précipitations dans les latitudes nord-ouest africaines.

2.1.5.3- L'humidité relative et l'évaporation

L'évolution de l'humidité relative est marquée par 2 phases dans le territoire de la réserve de biosphère. Durant la première phase qui s'étale de novembre à mai l'évolution de l'humidité relative est presque stable car comprise entre 15% et 25% pour les minimales, entre 30% et 40% pour les moyennes et entre 45% et 65% pour les maximales (Diémé, 2000). Le Ferlo est balayé en cette période de l'année par des vents secs provoquant ainsi la baisse de l'humidité de l'air.

Durant la deuxième phase de juin à septembre, la présence de la mousson explique les valeurs élevées des humidités relatives qui enregistrent durant cette période leurs maxima : 93,4% pour l'humidité relative maximale et des valeurs > à 35% pour l'humidité relative minimale. L'essentiel des précipitations intervient durant cette période (Sow & Akpo, 2011). C'est la saison des pluies (appelée hivernage) marquée par la présence de la mousson issue de l'anticyclone de Sainte Hélène de l'Atlantique sud.

La période d'août à novembre est marquée par une baisse de l'humidité du fait du retrait de la mousson marquant la fin de l'hivernage.

L'évaporation forte pour une bonne période de l'année est étroitement liée aux températures. Elle peut atteindre 4200 mm en saison sèche ; en saison humide, elle n'est certes pas aussi importante, mais peut avoir des valeurs relativement considérables (Bille & *al.*, 1972).

2.2- LE MILIEU BIOLOGIQUE

2.2.1- la flore et la végétation

La végétation du Ferlo se présente sous la forme d'un tapis herbacé continu piqueté d'arbres et d'arbustes. Elle a fait l'objet de nombreuses études au cours du siècle dernier (Valenza, 1970 ; Boudet, 1977 ; Valenza, 1981 ; Barral & *al.*, 1983 ; Gaston & *al.*, 1983 ; Akpo, 1993 ; Vincke, 1995 ; Akpo & Grouzis, 1996 ; Akpo, 1998…).

Le potentiel floristique de la réserve de biosphère est également très important pour la conservation de la diversité biologique avec la présence d'espèces végétales endémiques. La flore herbacée recensée dans la réserve est riche de 120 espèces, réparties en 69 genres, relevant de 23 familles botaniques d'importance variable. La strate herbacée est dominée par des graminées annuelles (*Schoenefeldia gracilis* Kunth., *Andropogon pseudapricus* Stapf., *Pennisetum pedicellatum* Trin., *Eragrostis tremula* Hochst., *Cenchrus cilaris* L., *Dactyloctenium aegyptium* Beauv.) et des légumineuses non pérennes (*Zornia glochidiata* Reichb. et *Alysicarpus ovalifoluis* (S. & Th) Léon). Quelques espèces herbacées telles *Justicia niokolo kobae* Berhaut. et *Digitaria aristulata* Stapf. sont en voie d'extinction. Ce tapis herbacé fortement dépendant des précipitations, peut être clairsemé ou continu par endroit, avec une hauteur de 40 à 60 cm. Les familles les mieux représentées sont les *Poaceae*, les *Fabaceae*, les *Convolvulaceae* et les *Rubiaceae*.

Concernant la flore ligneuse, des inventaires effectués ont révélé 49 espèces réparties en 32 genres relevant de 16 familles botaniques. Les espèces ligneuses les plus fréquemment rencontrées sont : *Guiera senegalensis* J. F. Gmel., *Pterocarpus lucens* Lepr. Ex Guill. et Perrott., *Combretum glutinosum* Perrott. ex DC., *Boscia senegalensis* (Pers.) Lam. Ex Poir., *Grewia bicolor* Juss., *Acacia senegal* (L.) Willd et *Commiphora africana* (A. Rich.) Engl..

Certaines espèces ligneuses caractéristiques telles que *Pterocarpus lucens* Lepr. Ex Guill. et Perrott. et *Dalbergia melanoxylon* Guill. et Perrott. y sont dans leur limite d'extension.

Les espèces ligneuses menacées inscrites sur la liste rouge de l'UICN et qui sont présentes dans la réserve sont : *Dalbergia melanoxylon, Sclerocarya birrea* (A. Rich.) Hochst., *Grewia bicolor, Sterculia setigera* Del.

2.2.2- La faune sauvage

La faune sauvage du Ferlo était relativement importante jusqu'au début du 20e siècle avec des éléphants, des girafes, des hippotragues, des gazelles, des lions, des léopards, des guépards, des autruches, des phacochères. La destruction d'une partie importante des fauves par la strychnine à partir 1950 et la sédentarisation des pasteurs ont contribué à la disparition de certains mammifères (Sow & Akpo, 2011).

Malgré la pression qui s'exerce aujourd'hui sur le Ferlo, il recèle encore d'importantes ressources animales. Le dernier dénombrement effectué (Ngom, 2011) a révélé la présence de trente-sept (37) espèces animales (invertébrés et poissons exclus), dont des espèces endémiques relictuelles d'importance nationale, sous régionale et même internationale. Dans la réserve nord existent des autruches à cou rouge qui constituent la seule souche génétique dans tout le Sahel.

Les habitats de la gazelle à front roux (*Gazella rufifrons* Gray) sont fragmentés. Des espèces telles que *Oryx dammah* Cretzschmar., *Gazella dama mhorr* Bennet. et *Gazella dorcas neglecta* Linné. dont le Ferlo était une de leur aire de répartition il y a cent cinquante (150) ans sont aujourd'hui dans l'enclos de Katané où ils ont été réintroduits.

Les espèces animales les plus représentées pour les mammifères sont : le chacal (*Canis aureus* Linné), le singe rouge ou patas (*Erythrocebus patas* Schreber), le lièvre des rochers (*Lepus saxatilis* Cuvier) l'hyène rayée *(Hyaena hyaena* Linné), le ratel (*Mellivora capensis* Schreber), le phacochère *(phacochoerus aethiopicus* Cuvier), la gazelle à front roux *(Gazella rufifrons* Gray), le porc-épic (*Hystrix cristata* Linné), l'oryctérope *(Orycteropus afer* Pallas)...

L'avifaune concerne particulièrement : la grande outarde arabe *(Otis arabs)*, la poule de pharaon *(Eupodis senegalensis)*, l'outarde de Denhan *(Neotis cafra denhami)*, le petit calao à bec noir *(Tockus nasutus* Linné), le petit calao à bec rouge (*Tockus erythrorhyncus* Temminck), la pintade commune (*Numida meleagris* Sélys Longchamps), l'autruche à cou rouge *(Struthio camelus* Linné), le francolin (*Francolinus bicalcaratus* Linné), le vanneau *(Vanellus spinosus* Linné), le corbeau pie (*Corvus albus* Muller), le pigeon de Guinée (*Columba guinea* Linné), la tourterelle maillée (*Oena capensis* Linné), l'aigle bateleur (*Terthopius ecaudatus),* le dendrocygne veuf *(Dendrocygna viduata* Linné), l'aigle martial *(Polemaetus bellicosus* Heine)...

Photo 2 : Troupeau de *Oryx damah* dans la RBF (crédit photo NGOM, 2011)

Photo 3 : *Gazella dorcas* dans la RBF (crédit photo NGOM, 2011)

Le Ferlo servait jadis de zone de repli en saison des pluies pour la faune se déplaçant de la Réserve de Biosphère du Niokolo-Koba (RBNK) vers le Nord (Réserve de Faune du Ferlo). Ces migrations étaient observées pendant la saison des pluies et se poursuivaient jusqu'à la fin de celle-ci. Pour les mammifères, le cas le plus probant pour la zone est certainement le mouvement séculaire connu et observé entre les zones trop humides de la RBNK en saison des pluies et les zones moins humides du Ferlo (Sow & Akpo, 2011).

2.3- LES HOMMES ET LEURS ACTIVITES
2.3.1- Les hommes

La population vivant dans la RBF est estimée approximativement à 60 000 habitants. Trois ethnies peuplent la zone. Il s'agit de Peul, de Ouolof et de Maures. Cependant les Peuls sont les premiers exploitants de la zone et constituent l'essentiel de la population (Ngom, 2011).

Les Peuls se regroupent en campement ou village (Wuro). Chaque campement est composé de concessions (Gallé) qui sont dirigées chacune par un chef (Diom Galle) dont les principaux rôles sont :
- d'être le gardien des valeurs de la famille;
- d'avoir une autorité sur les membres de la famille;
- de représenter les intérêts de la famille vis à vis de l'extérieur;
- de régler les différends et de prendre en dernier ressort les décisions importantes.

Ils restent très liés à leurs animaux (bovins) et à leur terre de parcours. L'attachement des Peuls à leurs bovins fait que, jusqu'à présent, le troupeau est considéré surtout comme un gage de sécurité (Sow & Akpo, 2011).

Les campements sont localisés dans les zones pastorales pourvues de pâturages et d'eau. Ils sont les gardiens de l'art du pastoralisme.

Les deux seules communes sont celle de Ranérou (située en pleine réserve de biosphère, en zone de transition) et la commune de Ourossogui à environ de 80 km vers le Nord-est.

La Réserve de Biosphère abrite plusieurs gros villages fondés par des marabouts. Il s'agit notamment des villages de Oudalaye, Siwi Yabé Oriental, Wouro Mamadou, etc. Le Ferlo est le fief des « Ferlanké » qui sont profondément attachés à leur appartenance à cette zone et à leur mode vie pastorale.

2.3.2- Les activités socio-économiques
2.3.2.1- L'élevage
L'élevage constitue la principale activité socio-économique du Ferlo. Il occupe 90% de la population vivant en zone de transition et est caractérisé par un cheptel important, des ressources fourragères en grande quantité et une bonne production laitière pendant l'hivernage. Les systèmes d'élevage peuvent être classés en deux grandes catégories : sédentaire et transhumant.

L'élevage sédentaire est de type extensif, traditionnel et parfois associé à l'agriculture et concerne essentiellement les petits ruminants. Il a été favorisé par l'installation des forages et des puits-forages dans le Ferlo qui a profondément modifié les pratiques pastorales, entraînant une diminution de la transhumance au profit de la sédentarisation. La gestion actuelle des parcours repose sur des déplacements de faibles distances d'un campement vers une mare en saison des pluies ou vers un puits en saison sèche (Barral et *al.*, 1983 ; Benoit, 1988).

Photo 4: L'élevage de bovins et d'ovins dans la RBF (crédit photo NGOM, 2011)

En saison des pluies les ressources fourragères sont abondantes, les animaux sont conduits dans les pâturages herbacés. En fin de saison sèche (mars-juin), les ressources herbagères deviennent rares et pauvres sur le plan nutritionnel, ce qui pousse les bergers à se tourner vers les ligneux fourragers pour assurer une alimentation du bétail. Les ligneux les plus appétées dans la zone sont également les plus élagués ; il s'agit de *Pterocarpus lucens, Grewia bicolor, Adansonia digitata* L. L'abreuvement des troupeaux en saison sèche se fait autour des forages et des puits. En hivernage, les mares constituent la principale source d'abreuvement des animaux (Ngom, 2008).

La transhumance est un mouvement migratoire régulier des éleveurs d'une zone à une autre, suivant les saisons. La fréquence des déplacements varie selon les ressources disponibles (eau et fourrage) dans la zone et selon la saison et la pluviométrie de l'année précédente. Ngom (2008) distingue deux types de transhumance dans la zone :

La semi-transhumance est caractérisée par de courts déplacements dans le Ferlo. Les semi-transhumants font des mouvements vers les zones où ils ont des parents. Ce choix s'explique par les normes d'accès aux points d'eau qui sont souvent pesantes dans la zone. En effet, le sentiment d'appartenance est un facteur qui influence les déplacements des pasteurs dans la communauté rurale. L'accès aux pâturages est fonction dans une certaine mesure des rapports entretenus avec les résidents (Ndiaye, 2004 ; Ngom & Ndiaye, 2004). Ce type de transhumance est moins destructeur des ressources sylvo-pastorales car les semi-transhumants sont souvent au fait des pratiques et des règles d'accès qui y sont appliquées. La semi-transhumance concerne plus souvent les petits ruminants.

La grande transhumance s'effectue sur de longues distances. Ces transhumants viennent pour la plupart du Walo (Egge – Egge), de la région de Thiés, Louga et Diourbel. La fréquence des déplacements varie selon les ressources disponibles (eau et fourrage) dans la zone, selon la saison et la pluviométrie de l'année précédente. Ces transhumants qui se déplacent souvent en famille viennent dans la zone dès l'apparition des premières pluies pour ne repartir qu'à la fin de l'hivernage. D'autres font le sens inverse en arrivant dans la zone en saison sèche pour repartir dés le début de l'hivernage dans les départements de Kaffrine et de Tambacounda.

Ils utilisent les pâturages naturels et installent leurs campements à proximité des mares. L'abreuvement des troupeaux en saison sèche se fait autour des forages et des puits. Pendant la saison des pluies les transhumants ont recours aux mares temporaires.

2.3.2.2- L'agriculture

L'agriculture de subsistance est la deuxième activité derrière l'élevage. C'est généralement une agriculture de case associée à l'élevage, sous pluie et peu diversifiée. Le mil est la principale culture avec 36% des emblavures. D'autres céréales comme le maïs (29%) et le sorgho (25%) sont également cultivées dans la zone (Ngom, 2008)

L'arachide s'introduit timidement, de même que le niébé et la pastèque gagnent de plus en plus d'espaces. La production agricole est essentiellement le fait du groupe familial. Le mode de culture reste traditionnel et le matériel obsolète. L'exploitation s'organise autour du ménage comprenant le chef de famille et les membres de sa famille directe.

Le développement de l'agriculture est limité par la baisse de la fertilité des terres, à l'érosion éolienne et hydrique et aux ennemis de culture tels que la mauvaise herbe *Striga hermontica* (Del.) Benth., les insectes et les cantharides. La baisse de la fertilité est liée à la culture continue, au manque de fumure organique et minérale.

Pour remonter la fertilité des sols, les populations pratiquent la rotation culturale et la jachère d'une durée moyenne de 3 ans. Cependant, le parcage et l'épandage sont les pratiques de fertilisation les plus répandues dans la zone car l'engrais est difficile à trouver du fait de sa cherté et de sa disponibilité. Des agriculteurs utilisent des contrats de fumure avec les transhumants. Cependant, dans beaucoup de cas les transhumants refusent de camper dans les champs, préférant s'installer dans les zones de pâturage (Ngom, 2008).

2.3.2.3- Les activités forestières

Les populations pastorales de la zone de transition exploitent les ressources ligneuses qui jouent un rôle important dans l'économie rurale. Les produits de cueillette (fruits, feuilles, graines, etc) constituent une part importante des prélèvements dans la zone. Les espèces les plus exploitées sont : *Adansonia digitata* L., *Ziziphus mauritiana* Lam. et *Balanites aegyptiaca* L. (Dell.). La plus grande partie de la production est vendue dans les marchés hebdomadaires ou « Loumas ». Les produits forestiers non ligneux notamment la gomme d'*Acacia senegal* (L) Willd. et de *Sterculia setigera* mais aussi le miel font l'objet d'une exploitation importante par les populations. Ces productions qui ont une valeur marchande élevée sont généralement vendues dans les « Louma » et contribuent sensiblement à l'amélioration du bien-être des communautés locales.

Le bois constitue la seule source d'énergie domestique dans la zone, cela entraîne un déboisement. Les espèces les plus utilisées pour bois de chauffe sont *Grewia bicolor, Combretum glutinosum* et *Pterocarpus lucens*.

Les populations utilisent également les arbres pour la construction ou la réfection de leurs habitations. Les espèces les plus utilisées sont *Pterocarpus lucens, Mitragyna inermis* (Willd.) O. Kze. et *Grewia bicolor*. L'artisanat utilise le bois de *Bombax Costatum, Pterocarpus erinaceus* et *Dalbergia melanoxylon* pour la confection des mortiers, pilons et calebasses...). La raréfaction des espèces préférées des bûcherons a permis la valorisation de *Mitragyna inermis*.

2.3.2.4- Le commerce et l'artisanat

Le commerce de bétail est également une activité très importante. En effet le plus grand marché de bétail du Sénégal (Dahra) est à moins de 75 km des limites sud de la zone de transition. Les petits ruminants qui constituent souvent une stratégie d'épargne, font l'objet d'un commerce surtout à l'occasion des grandes fêtes religieuses au Sénégal (Tabaski et Korité).

L'artisanat est également pratiqué par les populations pastorales du Ferlo. Cependant, les objets d'artisanat confectionnés par les éleveurs peuls sont surtout destinés à l'usage personnel : lits, bancs, mortiers et pilons. Les principales espèces concernées sont *Guiera senegalensis* pour la confection des lits, *Mitragyna inermis* pour les bancs, les mortiers et les lits et *Grewia bicolor* pour les lits et les pilons (Ngom, 2008).

Partie 2 :

CARACTÉRISTIQUES ÉCOLOGIQUES DE LA RÉSERVE DE BIOSPHÈRE DU FERLO

Chapitre 3 :
LE ZONAGE DE LA RÉSERVE DE BIOSPHÈRE DU FERLO (NORD-SÉNÉGAL)

RÉSUMÉ

Afin de combiner efficacement conservation, utilisation durable des ressources et production du savoir, la réserve de biosphère doit nécessairement bénéficier, d'une stratification, d'un zonage intégré et d'une gestion coopérative. La méthode de zonage de la réserve de biosphère du Ferlo (RBF) est basée sur une caractérisation des ressources naturelles, suivi d'une spatialisation des enjeux et du zonage de la réserve de biosphère. Pour être partagé avec les populations locales, le zonage de la RBF a procédé par des réunions d'information et de sensibilisation, des observations sur le terrain, des enquêtes et une collecte de données biophysiques. Le Traitement des images satellitales et la photo-interprétation ont permis d'élaborer une carte d'occupation des sols, une carte des différents noyaux centraux et une carte globale du zonage. Ce zonage participatif a établi une spatialisation des fonctions la réserve de biosphère sans pour autant les superposer. C'est un outil indispensable pour concilier dans un même espace la conservation de la diversité biologique et l'utilisation rationnelle des ressources naturelles par les communautés locales.

Mots clés: réserve de biosphère – carte d'occupation – noyau – conservation – ressources naturelles

INTRODUCTION

Les réserves de biosphère doivent répondre, à trois fonctions majeures, qui se complètent et se renforcent mutuellement: la fonction de conservation de la diversité biologique, la fonction de développement et l'appui logistique ou la production de savoir. Elles doivent comporter, pour remplir leurs multiples fonctions, une ou plusieurs aires centrales, une zone tampon bien identifiée et une aire de transition flexible. Le zonage est la stratification du territoire en spatialisant les différentes fonctions de la réserve de biosphère. Pour relever les nouveaux défis qui se posent, il importe d'adopter un zonage intégré et participatif. Ainsi, l'aire de transition, outre sa fonction de développement, peut répondre à des objectifs environnementaux de conservation, et l'aire centrale, outre sa fonction de conservation, contribuer à une série de services d'écosystèmes chiffrables, du point de vue du développement, en termes économiques (séquestration du carbone, stabilisation des sols, qualité de l'air et de l'eau, etc.). De même, si l'éducation, la recherche, la surveillance continue et le renforcement des capacités sont vus comme des composantes de la fonction de support logistique ou de production de savoir, ils s'inscrivent aussi dans les fonctions de conservation et de développement (UNESCO, 2008). Dans le processus de mise en place d'une réserve de biosphère, le zonage apparait comme une spatialisation intégrée de ses différentes fonctions. Ainsi, la cartographie est réalisée de façon participative et inclusive avec l'appui et la collaboration des populations locales, des agents de l'inspection des Eaux et forêts de Matam, de la Direction de la réserve de faune du Ferlo nord et des agents du PGIES.

3.1- MATERIEL ET METHODES

La réalisation du zonage de la RBF s'est fait avec une approche participative et inclusive. La caractérisation des ressources naturelles et le géoréférencement des limites ont été précédé de rencontres d'information et de sensibilisation des différents acteurs concernés par l'espace. La délimitation et le pancartage s'est fait avec la participation effective des communautés locales.

3.1.1- Rencontres d'information et de sensibilisation

Des rencontres d'information et de sensibilisation des populations environnantes de la réserve de biosphère ont été organisées. Des émissions radio animées par les services techniques ont permis d'informer les populations du déroulement des activités de zonage afin que leur participation soit effective. Des réunions et des entrevues de groupe ont été organisées dans les villages polarisés par la réserve de biosphère. L'entrevue de groupe est un procédé qui s'est révélé particulièrement utile parce qu'on voulait en peu de temps avoir des éclaircissements sur la perception que les populations ont des limites des aires protégées avoisinantes.

3.1.2- Prospection et délimitation des zones

Dans le travail de délimitation des différentes zones de la réserve de biosphère, nous nous sommes appuyés sur la participation effective des communautés locales. Ce travail consiste à identifier et à géo-référencier les limites des différentes composantes de la réserve de biosphère. Elle a été faite à partir des levés GPS (Global Positioning System) en coordonnées UTM suite à plusieurs rencontres avec les autorités et les populations locales.

L'identification des noyaux centraux de la réserve de biosphère a été faite selon l'importance écologique du site et l'absence d'établissements humains dans la zone considérée.

Nous avons ensuite procédé à l'inventaire et l'identification de groupes de villages polarisés par chaque noyau. Des pancartes de signalisation ont été installées dans les différents noyaux centraux délimités. Par la suite les zones tampon et de transition ont été identifiées et délimitées avec l'implication des populations locales.

Photo 5: Un pied d'*Adansonia digitata* marqué à la peinture dans un noyau central (crédit photo NGOM, 2011)

Photo 6 : Populations locales contribuant à la pose de pancarte dans un noyau central (photo NGOM, 2011)

3.1.3- Le traitement des données

- *Traitement des images satellitales*

L'image-interprétation est basée sur des images Landsat 7 ETM 2002 acquises par le Projet de Gestion Durable et participative des Energies traditionnelles (PROGEDE). Ces images sont traitées au niveau « system corrected », ré-échantillonnées suivant la méthode du « nearest neighbour » en format « GeoTIFF » (Geographic Tag Image File Format), projetées dans le système UTM (projection Universelle Transverse de Mercator) sur l'ellipsoïde « WGS 84 » (World Global Spheroïd) au « datum » WGS 84. Elles possèdent une résolution au sol de 30 m (canaux 1 - bleu, 2 - vert, 3 - rouge, 4 - proche infrarouge, 5 - moyen infrarouge proche et 7 - moyen infrarouge lointain), de 60 m (canal 6 - thermique) et enfin de 15 m (canal 8 - panchromatique). La première opération a consisté à rassembler ces différents fichiers (GeoTIFF) au sein d'une image multilayer de type IMAGINE. Cette image multilayer est constituée de 6 bandes (canal ou layer) que sont : le 1 ; 2 ; 3 ; 4 ; 5 ; 7. La bande 8 constitue une image (noir et blanc) à part qui est la panchromatique. Toutes les images ont été re-projetées sur l'ellipsoïde de Clarke 1880 au « datum » Adindan Sénégal suivant une projection UTM, zone 28 P.

Les images ont été soumises à une classification non-supervisée en exploitant surtout les canaux 4 et 3. La classification résultante (image thématique) a ensuite été recodée par regroupement des classes aux signatures spectrales similaires.

- ***Photo-interprétation et classification***

Après la classification sur l'ordination c'est-à-dire basée sur la préfectance chlorophyllienne de la végétation, une mission de terrain a été organisée pour vérifier à quoi correspond chaque classe selon la classification de Yangambi (CSA, 1956).

3.2- RESULTATS
3.2.1- La carte d'occupation des sols

La classification a fait ressortir les différentes strates suivantes:

- zone agricole ;
- zone à faible couverture végétale ligneuse correspondant essentiellement à des steppes arbustives à arborées, aux sols nus et zone agricole ;
- zone à couverture végétale ligneuse peu riche correspondant essentiellement à des savanes arbustives;
- zone à couverture végétale ligneuse riche correspondant essentiellement à des savanes arbustives à arborées et aux formations de vallée (galeries forestières) ;
- zone à couverture végétale ligneuse très riche correspondant essentiellement aux savanes arborées à boisées.

Chaque strate identifiée a fait l'objet d'une coloration particulière pour permettre de la singulariser. A ces strates s'ajoutent le réseau hydrographique et routier. On obtient ainsi la carte d'occupation des sols et des types de végétation (figure 10).

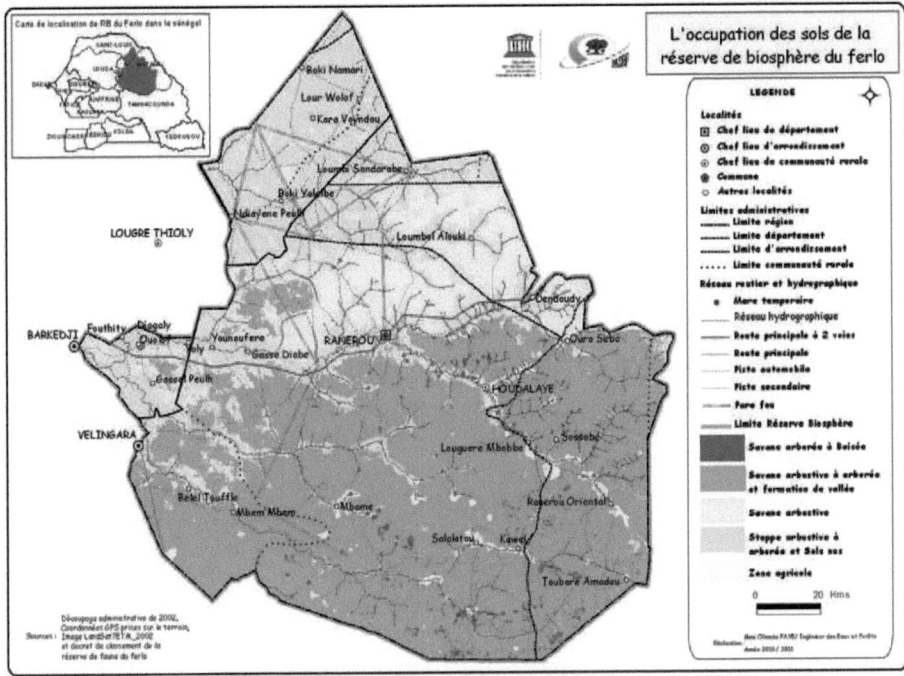

Figure 10: Carte d'occupation des sols de la RBF

La répartition en terme de pourcentage des différentes strates par rapport à la superficie totale de la réserve de biosphère a été établie (figure 11).

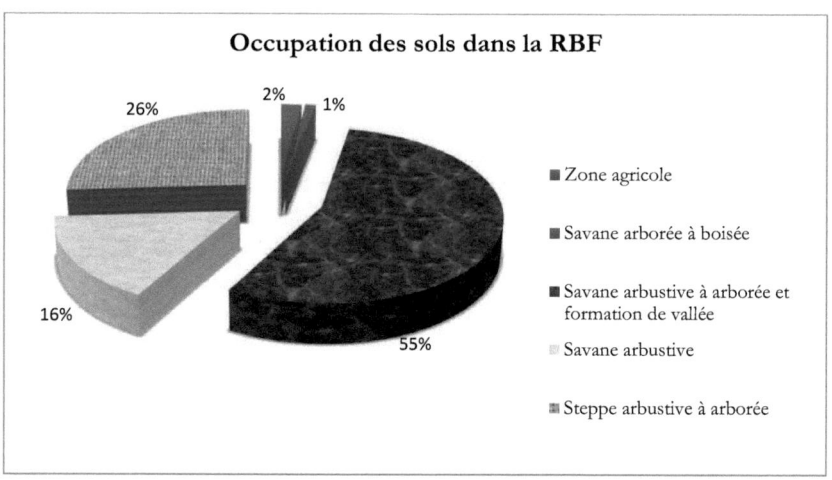

Figure 11: Importance (%) de l'occupation des sols dans la RBF

Les différentes strates forestières identifiées sont ainsi caractérisées :

- **la zone agricole**

Elle est localisée dans la partie Sud de la réserve et occupe une superficie de 36 120 ha (soit 2% de la superficie de la réserve). Ce sont des cultures de cases ou vivrières qui y sont pratiquées. Les principales spéculations sont surtout le mil et le maïs. Le sorgho est également cultivé dans certaines zones dépressionnaires (Faye, 2011).

Photo 7 : faciès de la zone agricole dans la RBF (crédit photo NGOM, 2011)

- **Steppe arbustive à arborée**

Elle est localisée dans la partie nord de la réserve et occupe une superficie de 532 107 ha, soit 26% de la superficie totale de la réserve. Cette strate est constituée par les sols nus, les steppes arbustives à arborées, les mares, les habitations et certaines zones de cultures. Les espèces ligneuses dominantes sont *Guiera senegalensis*, *Commiphora africana*, et *Boscia senegalensis*. Au niveau des mares on rencontre principalement *Mitragyna inermis*, *Balanites aegyptiaca*, *Acacia seyal*, *Anogeissus leiocarpus* et *Ziziphus mauritiana*, etc.

Photo 8 : faciès de la steppe arbustive à arborée (crédit photo NGOM, 2011)

- **Savane arbustive**

Cette strate qui s'étend sur 329 575 ha, représente 16% de la superficie totale de la réserve de biosphère. Les espèces ligneuses dominantes sont *Guiera senegalensis* et *Pterocarpus lucens* généralement associées à *Combretum glutinosum* et *Boscia senegalensis*.

Photo 9 : faciès de la savane arbustive (crédit photo NGOM, 2011)

- **Savane arbustive à arborée et formation de vallée**

Elle constitue la strate la plus importance avec 56% de la superficie ; soit 1 148 700 ha. Elle se localise au centre et au sud de la réserve. Les espèces dominantes sont : *Guiera senegalensis, Pterocarpus lucens, Combretum glutinosum* et *Grewia bicolor* dans la savane arbustive à arborée et *Piliostigma reticulatum, Mitragyna inermis, Acacia seyal,* etc. dans les galeries forestières.

Photo 10 : faciès de la savane arbustive à arborée (crédit photo NGOM, 2011)

- **Savane arborée à boisée**

Elle se localise au Sud de la réserve à la frontière avec la région de Tambacounda. C'est la strate la moins importante avec moins de 1% de superficie soit 11712 ha. La figure 10 montre la localisation spatiale de la strate. Les espèces dominantes sont : *Combretum glutinosum, Sterculia setigera, Pterocarpus lucens,* ect.

Photo 11 : faciès de la savane arborée à boisée (crédit photo NGOM, 2011)

3.2.2- La délimitation des aires centrales

La délimitation des aires centrales de la réserve de biosphère a utilisé une approche participative avec une très forte implication des communautés locales. Quatre (4) aires centrales (figure 12) d'une superficie de 242 564 ha ont été identifiées, géo référencées et cartographiées. Elles sont réparties comme suit :

- une aire au sud de la réserve de faune du Ferlo Nord avec 85 575 ha ;
- deux aires au nord de la réserve de faune du Ferlo sud avec chacune respectivement au sud Nord 61 077 ha et 41 453 ha au Sud ouest ;
- une aire au sud Est de la réserve de faune du Ferlo sud avec 54 459 ha.

Pour matérialiser les limites de ces différents noyaux centraux, un travail de pancartage a été réalisé. Au cours de ce travail nous avons mobilisé l'ensemble des chefs de villages ainsi que les jeunes, les écoliers et les femmes. Au total, soixante (60) pancartes ont été posées à raison de quinze (15) par noyau. Leur répartition a été homogène et équidistante, tenant compte des pistes principales, des croisements et des pare feux existants.

Les aires centrales (noyaux centraux) correspondent à des territoires juridiquement protégés. Elles sont partie intégrantes des réserves de faune du Ferlo nord et du Ferlo Sud. Un noyau central est identifié dans la partie Nord de la Réserve de Faune du Ferlo Nord (84 734 ha). Ce noyau abrite un enclos d'acclimatation d'oryx et de gazelles et un site de nidification d'autruches. Il est en permanence sous la surveillance du personnel de la Direction des Parcs Nationaux.

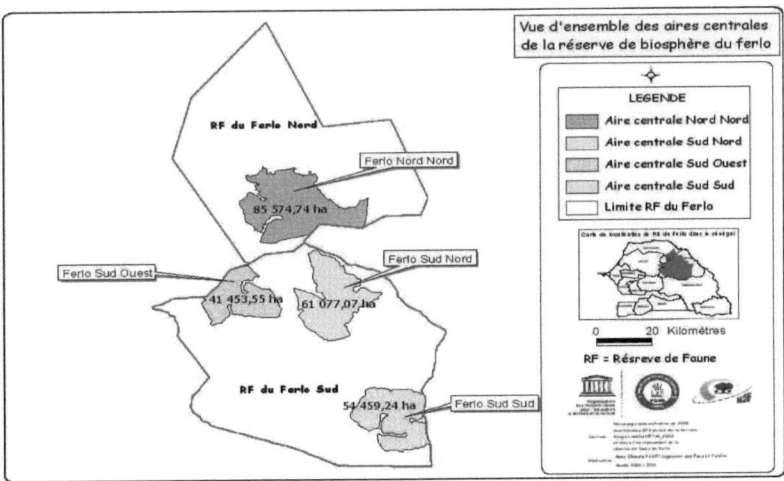

Figure 12: Carte de situation des aires centrales de la RBF

3.2.3- Les différentes zones de la RBF

La réserve de biosphère du Ferlo couvre une superficie totale de 2 058 214 ha. Elle est subdivisée en trois zones (tableau 2). Le zonage s'adapte à différentes formes d'utilisation des terres et est lié aux fonctions de la réserve de biosphère, sans toutefois les superposer. Une seule zone fait l'objet d'une obligation de protection légale ; c'est l'aire centrale. La zone tampon est essentiellement définie par sa contribution aux objectifs de conservation. Enfin l'aire de transition est plus directement consacrée au développement et à des modes d'exploitation durable.

Tableau 2: Statistiques du zonage de la RBF

Zones	Superficies (ha)	Pourcentage
Aires centrales	242 564	12
Zone tampon ou de connectivité	1 156 631	56
Zone de transition ou de coopération	659 019	32
TOTAL	**2 058 214**	100

Les aires centrales s'étendent sur 242 564 hectares intégralement inclus dans les deux réserves de faune du Ferlo nord et du Ferlo sud. Ces réserves bénéficient d'un statut légal de protection. La Réserve de Faune du Ferlo Nord a été classée par décret N° 72 346 du 21 mars 72 et la Réserve de Faune du Ferlo Sud par décret N° 72 347 du 21 mars 72. Les aires centrales sont des échantillons d'écosystèmes représentatifs de l'originalité du site et de son intérêt pour la conservation. Elles sont soustraites aux activités humaines, à l'exception des activités de recherche et de surveillance continue, ainsi que, dans certains cas, des activités de collecte traditionnelles exercées par les populations locales.

Les zones tampons qui s'étendent sur 1 156 633 hectares, sont composées d'habitats d'une grande importance écologique. Elles englobent une partie des 2 réserves de faune (aires centrales exclues), les réserves sylvopastorales de Younouféré, de MBem-MBem et de Sabsabré, et la forêt classée de Velingara (figure 13). Les forêts classées ont un statut juridique et font parties des forêts du domaine national. Dans ces forêts les populations sont autorisés à exercer des droits d'usages portant sur : le ramassage du bois mort et de la paille – la récolte de fruits, de plantes alimentaires ou médicinales, de gomme, de résines de miel – le parcours du bétail, l'émondage et l'ébranchage d'espèces fourragères – la coupe du bois de service destiné à la réparation des habitats. Ces droits sont en conformité avec l'esprit de la zone tampon.

Cependant toutes les activités menées dans les zones tampon ne doivent pas aller à l'encontre des objectifs de conservation assignés à l'aire centrale, mais elles doivent au contraire contribuer à la protection de celle-ci.

La zone de transition ou aire de coopération d'une superficie de 659 019 hectares, est définie en fonction des activités utilisatrices de ressources naturelles qui s'y mènent. Elle est caractérisée par une grande diversité des systèmes d'utilisation des terres (établissements humains, pâturages, zones de culture, couloirs de transhumance...) et intègre les Unités Pastorales (UP) de Loumbol, Malandou et Windé Diohi et la réserve naturelle communautaire (RNC) de Mbounguiel.

Les réserves naturelles communautaires (RNC) et les Unités Pastorales (UP) sont des aires communautaires mises en place avec une approche participative et qui ont fait l'objet d'une délibération par le Conseil Rural. Les 4 RNC/UP de la réserve de biosphère sont dotées de plans locaux d'aménagement et de gestion communautaire et de chartes locales de bonne gestion.

La zone de transition est également le lieu privilégié pour la sensibilisation environnementale, l'expérimentation du développement durable et la gestion respectueuse des ressources. Elle a une fonction fondamentale pour la dimension humaine des réserves de biosphère.

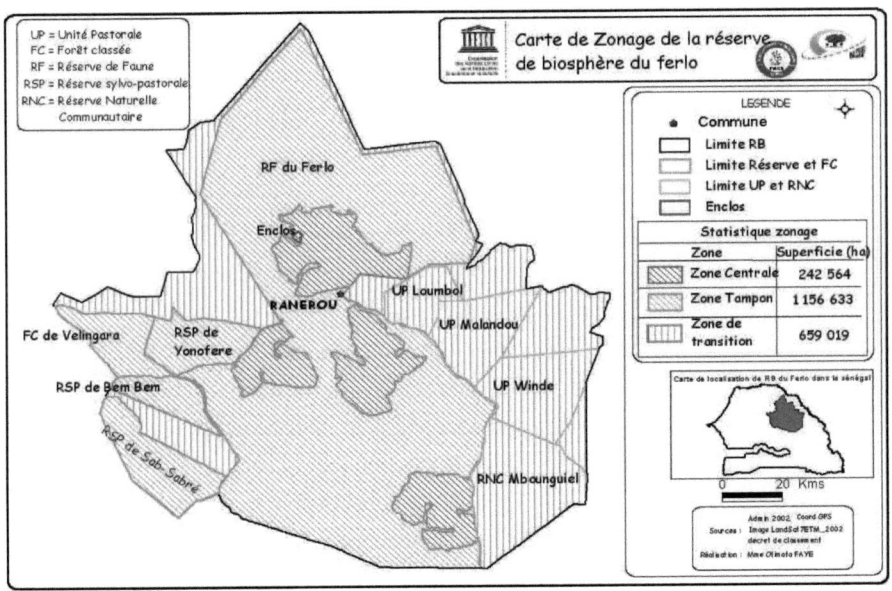

Figure 13: Carte de zonage de la réserve de biosphère du Ferlo

3.3- DISCUSSION ET CONCLUSION

Le zonage de la RBF obéit aux règles de la stratégie de Séville et du cadre statutaire des réserves de biosphère. Il est organisé selon trois zones interconnectées : les aires centrales, protégées par la législation nationale, la zone tampon, et l'aire de transition. Une des spécificités de cette réserve de biosphère est qu'elle comporte des zones appartenant simultanément à d'autres systèmes d'aires protégées (réserve de faune, forêt classée, réserve sylvopastorale et réserve naturelle communautaire).

En effet, l'application du zonage varie selon les contextes et implique souvent que la réserve de biosphère soit constituée d'une mosaïque d'aires protégées ayant des statuts plus ou moins contraignants, ainsi que de zones n'ayant pas le statut d'aires protégées et constituant l'aire de transition (Jardin, 2008). Dans la RBF, les aires centrales délimitées sont des zones de conservation qui participent au maintien de la biodiversité du milieu, tant des espèces endémiques, menacées et celles sur la liste rouge de l'UICN (2011). Ces aires centrales présentent de nombreux atouts notamment, une superficie de 242 564 ha soit 12% de la superficie totale de la réserve (Ngom, 2011) et des pâturages relativement en abondance en saison pluvieuse. Elles renferment des espèces végétales endémiques et des espèces animales relictuelles d'importance nationale, sous régionale et même internationale. Le Ferlo constitue actuellement le seul refuge des autruches à cou rouge (*Struthio camelus*) dans la bande sahélienne. Il est aussi un des rares sites au monde à avoir des individus de gazelle à front roux (*Gazella rufifrons*) à l'état sauvage (Sow & Akpo, 2011). Du point de vue floristique, les aires centrales renferment certaines espèces végétales rares ou menacées de disparition telles que *Dalbergia melanoxylon, Pterocarpus erinaceus, Boscia angustifolia*...

L'existence de règles d'accès et d'utilisation rationnelle des ressources pastorales, de même que les aménagements pour la conservation de la faune et de la flore (pare feux, enclos pour les gazelles et les oryx), constituent des atouts supplémentaires pour la conservation des aires centrales. Dans ce contexte, l'enclos de Katané dans la réserve de faune du Ferlo nord, est ainsi un exemple de site de démonstration d'une introduction réussie d'espèces animales en semi liberté, de mise en défens de 700 ha, de disponibilité de pâturages et de cogestion avec les populations. Les espèces mammaliennes réintroduites sont l'Oryx algazelle (*Oryx dammah*), la gazelle dama mhorr (*Gazella dama*), gazelle dorcas (*Gazella dorcas neglecta*).

La présence de personnel de surveillance dans ces aires centrales constitue un facteur de dissuasion contre le braconnage mais aussi un moyen d'encadrement et la sensibilisation des populations riveraines.

La zone tampon ou zone de connectivité, qui est attenante à l'aire centrale ou qui l'entoure, (UNESCO, 2004) a pour fonction essentielle de réduire au maximum les effets externes négatifs des activités humaines sur la ou les aires centrales. Outre ce rôle, elle a sa propre fonction intrinsèque, indépendante, de maintien de la diversité biologique et culturelle anthropogénique (UNESCO, 2008). Ainsi, dans le processus de zonage de la RBF, une attention particulière était portée sur la zone tampon où le compromis optimal entre conservation et développement a été recherché. En effet, l'efficacité d'une règle ne doit pas seulement être mesurée au vu de ses effets en termes de conservation mais aussi par le rapport entre ses effets et les contraintes qu'elle impose. En effet, si le même résultat en termes de conservation d'une espèce végétale ou animale est obtenu soit en interdisant l'accès des populations à la zone, soit en autorisant une exploitation raisonnée de ces ressources, la seconde solution sera retenue comme étant plus efficace en termes de coût-bénéfice. La recherche d'un compromis optimal entre conservation et développement passe par la participation des acteurs de base du développement local, qui sont particulièrement bien informés pour savoir comment, en se basant sur un objectif de conservation donné, diminuer les contraintes qu'ils devront supporter (Beuret, 2006).
Ainsi, le choix de la délimitation d'une zone tampon très vaste (1 156 633 ha), s'inscrit dans une volonté de lui faire jouer une fonction de connectivité, en reliant les éléments de biodiversité des aires centrales à ceux des aires de transition. En effet, dans un contexte spatial étendu, la zone tampon permet une meilleure protection des aires centrales et une meilleure préservation des corridors de migration de la faune de la réserve de biosphère du Niokolo koba vers la RBF.

La zone de transition ou aire de transition a pour fonction essentielle de contribuer au développement socio-économique des communautés locales et au développement durable de la réserve de biosphère ainsi que de l'ensemble de sa région. Un des défis de la création et de la gestion d'une réserve de biosphère est de concilier sur un même espace des objectifs de conservation et de développement économique et de faire converger sur le long terme les intérêts des acteurs (MAB, 2003). Dans le processus de zonage de la réserve de biosphère du Ferlo, les préoccupations des communautés locales ont été prises en compte. En effet, les réserves de biosphère servent à aider les populations à améliorer leur bien-être sur le plan économique par le biais de l'utilisation de technologies appropriées. Lorsque ces activités sont choisies par les populations locales, elles leur permettent de gagner leur vie pendant leur séjour dans la réserve et empêchent la destruction des ressources devant être préservées (UNESCO, 1997). L'intégration des réserves naturelles communautaires et des unités pastorales dans la zone de transition de la RBF est novatrice et d'une grande pertinence car elle renforce les efforts de conservation et fait des populations locales des acteurs clés de la gestion des ressources naturelles. En effet, durant tout le processus de zonage de la réserve de biosphère, la zone de coopération a toujours été considérée comme un territoire où l'enjeu majeur est de rassembler les acteurs qui utilisent, occupent ou exploitent cette zone, et de tenter d'intégrer des éléments de développement durable dans la planification régionale et les usages en cours. Ainsi, la réserve de biosphère du Ferlo constitue une excellente plateforme de concertation et de dialogue entre les différents acteurs, au bénéfice aussi bien de la conservation que du développement.

Aujourd'hui, les réserves de biosphère ne sont plus de simples aires protégées mais des projets d'aménagement du territoire, des lieux d'expérimentation du développement durable et des zones servant de laboratoires pour des chercheurs des différentes disciplines nourrissant les sciences de la conservation au sens large (Cibien et *al*, 2006). Ce sont des territoires pour l'homme et la nature (MAB France, 2000). La fonctionnalité multiple de la RBF et l'intégration des fonctions de conservation, de développement et de support logistique ou de production de savoir dénote une option de durabilité.

La réalisation de ce zonage participatif et fonctionnel de la réserve de biosphère du Ferlo permettra de faciliter le dialogue et la concertation entre les acteurs concernés par l'espace et ses ressources. Cela semble être l'une des voies privilégiées pour gérer la biodiversité dans une optique de développement durable et pour prévenir l'explosion des multiples conflits (Beuret, 2006).

Chapitre 4 :
CARACTÉRISTIQUES DU PEUPLEMENT LIGNEUX DE LA RÉSERVE DE BIOSPHÈRE DU FERLO (NORD SENEGAL)

RESUME

Cette étude se propose d'établir la variabilité spatiale, le cortège floristique, l'importance écologique et le potentiel de régénération du peuplement ligneux de la réserve de biosphère du Ferlo (RBF). L'utilisation de l'AFC pour le traitement des matrices relevés / espèces a montré que le peuplement ligneux est riche de 49 espèces, et est relativement homogène dans les différentes zones constitutives de la RBF. L'analyse des fréquences centésimales a montré que *Guiera senegalensis* est l'espèce la plus fréquente avec une présence dans les ¾ des relevés effectués. Elle est suivie de *Combretum glutinosum* (65,5%), *Boscia senegalensis* (63,6%) et *Pterocarpus lucens* (60,9%). Ces résultats révèlent une combrétinisation (prédominance des combretaceae) du milieu et une modification de la structure de la végétation ligneuse. Les différentes zones de la RBF se distinguent les unes des autres par le cortège floristique, le recouvrement, la densité et la surface terrière. Du point de vue de la structure, le peuplement ligneux comporte une forte proportion d'individus relativement jeunes. En effet, plus de 90% des individus inventoriés ont des hauteurs comprises entre 0 et 6 m et de circonférence comprises entre 10 et 100 cm.

Globalement, dans la RBF, trois espèces se dégagent de par leur importance écologique : *Pterocarpus lucens* (18%), *Guiera senegalensis* (16%) et *Combretum glutinosum* (13%). Le taux de régénération du peuplement végétal est de 72% dans l'ensemble de la RBF. Il est deux fois plus élevé dans l'aire centrale (79%) que dans la zone tampon (36%) et l'aire de transition (39%). *Guiera senegalensis* présente le potentiel de régénération le plus élevé avec un indice spécifique de régénération de plus de 62%.

Mots clés : cortège floristique, peuplement ligneux, importance écologique, densité, recouvrement

INTRODUCTION

Dans les écosystèmes sylvopastoraux du Ferlo, les ressources végétales jouent un rôle essentiel dans l'économie rurale; elles contribuent à l'apport de protéines, de minéraux et de vitamines indispensables à l'équilibre alimentaire des hommes et des animaux, à fournir divers autres services (énergie domestique, bois de service, plantes médicinales). Elles contribuent aussi, à l'accroissement de la productivité des terres et au maintien de l'équilibre des écosystèmes. La connaissance des caractéristiques du peuplement végétal permet de mieux appréhender les écosystèmes sylvopastoraux et de les décrire dans leurs aspects les plus divers. Cependant, ces milieux subissent depuis plusieurs décennies de fortes perturbations liées d'une part aux conditions naturelles d'aridité, longue saison sèche, forte évaporation, forte variabilité spatio-temporelle des faibles précipitations (Toupet, 1989 ; Le Houérou, 1989) et d'autre part à une surexploitation non contrôlée des ressources (Grouzis & Albergel, 1991), qui accentuent la péjoration des conditions climatiques.

La présente étude se propose d'analyser la variabilité spatiale du peuplement ligneux et de caractériser la végétation ligneuse en évaluant la densité, le couvert ligneux et l'importance écologique des espèces dans les différentes zones de la réserve de biosphère du Ferlo.

4.1- MATERIEL ET MÉTHODES

4.1.1- Relevés de végétation

La carte de zonage de la réserve de biosphère a été la base d'échantillonnage. L'échantillonnage a utilisé la méthode des transects. Au total sept transects d'orientation W-E de longueurs différentes et distant de 4 km ont été choisis (figure 14).

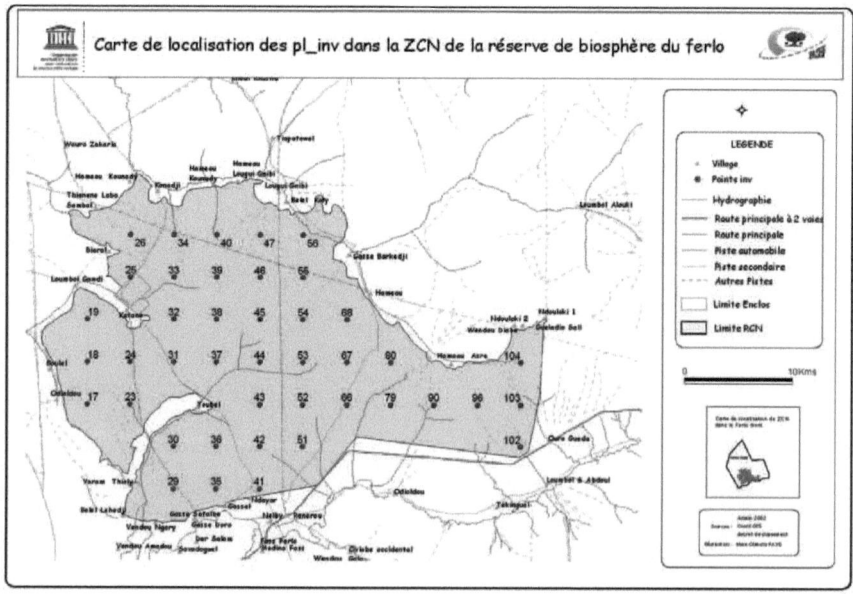

Figure 14: Dispositif des transects dans le noyau nord de la RBF

Les points de relevés de végétation ligneuse ont été choisis de manière aléatoire comme la suggérée de nombreux auteurs tels que Gounot (1969) et Long (1974). Les points de relevés sont repérés sur le terrain à l'aide d'un GPS qui montre en permanence la direction à prendre et la distance restante au centre de l'échantillon.

Dans l'ensemble de la RBF, 110 relevés ont été échantillonnés dont 57 relevés dans l'aire centrale, 28 en zone tampon et 25 dans l'aire de transition. L'unité d'échantillonnage est une placette carrée de 30 m X 30m soit une aire de relevée de 900 m^2 (Boudet, 1984) pour l'étude de la végétation sahélo-soudanienne.

Dans chaque relevé, un recensement exhaustif des ligneux a été effectué. Des mensurations dendrométriques ont été réalisées pour évaluer quelques paramètres dimensionnels :

- La circonférence à la base du tronc à 30 cm du sol du fait que beaucoup d'arbres du Ferlo sont multicaules et présentent des ramifications très basses (Akpo & Grouzis, 1996). Elle permettra d'estimer la surface terrière et d'étudier la régénération par l'analyse de la répartition des ligneux suivant les classes de circonférence.
- Le diamètre de la projection du houppier au sol dans deux directions (nord-sud et est-ouest) pour évaluer le recouvrement
- La hauteur des arbres pour établir la structure du peuplement
- La distance entre deux arbres par la méthode du plus proche individu

Figure 15: mensurations dendrométriques effectuées sur les arbres inventoriés

Les éléments topographiques, le sol et le substrat géologique du peuplement sont également relatés.

Les échantillons botaniques ont été identifiés sur le terrain ou en laboratoire à l'aide de la " *Flore du Sénégal*" (Berhaut, 1967) et de l'ouvrage *Arbres, arbustes et lianes d'Afrique de l'Ouest* (Arbonnier, 2002). Les synonymes ont été actualisés et normalisés sur la base de l'énumération des plantes à fleurs d'Afrique Tropicale (Lebrun & Stork, 1991, 1992, 1995, 1997).

4.1.2- Traitement des données

Les relevés de végétation ont été saisis et traités grâce aux logiciels informatiques Excel et XLStat.

4.1.2.1 - L'analyse multivariée

Le logiciel XLStat a permis de faire l'AFC qui est l'une des principales méthodes utilisées en statistique descriptive multivariée. L'AFC s'applique au traitement des tableaux de contingence qui croise deux caractères qualitatifs en donnant pour chaque combinaison l'effectif concerné.

Les relevés et les espèces considérés comme un ensemble de réalisation d'une variable aléatoire sont classés dans un espace à quatre dimensions à partir de la présence-absence des espèces au sein du relevé dans le but d'apprécier les correspondances. L'AFC permet, plus que les indices de diversité, de détecter les effets plus rapidement (Gray & al., 1990, cité par Pohle & Thomas, 2001).

4.1.2.2- Paramètres de la végétation ligneuse

Les données obtenues à partir des relevés de végétation ont été traitées à l'aide du logiciel Excel. Le tableur Excel a servi au classement des données numériques et à l'élaboration des graphiques. Il a été aussi utilisé pour calculer les paramètres de caractérisation de la végétation que sont la densité relative, la surface terrière, le recouvrement, la dominance relative, la fréquence relative et l'importance écologique dans les différentes zones de la réserve de biosphère. Les formules ci-après ont été utilisées pour procéder au calcul de ces paramètres :

- ***La richesse spécifique*** a été évaluée à partir de la richesse spécifique totale et la richesse spécifique moyenne. La richesse spécifique totale (S) est le nombre total d'espèces que comporte le peuplement considéré dans un écosystème donné (Ramade, 2003). La richesse spécifique moyenne correspond au nombre moyen d'espèces par relevé pour un échantillon donné.

- ***L'Analyse fréquentielle***

L'Analyse fréquentielle est une méthode qui consiste à apprécier la distribution des espèces à travers les relevés. La fréquence de présence renseigne sur la distribution d'une espèce dans un peuplement. Elle peut être exprimée en valeur absolue ou en pourcentage (%). En %, elle est estimée par la formule suivante (Roberts-Pichette et Gillespie, 2002 cité par Gning, 2008) :

$$F = \frac{Nri}{Nr} \times 100$$

F = fréquence de présence exprimée en pourcentage (%) ; N_{ri} = nombre de relevés où l'on retrouve l'espèce i et N_r = nombre total de relevés.

- ***La densité*** est le nombre d'individus par unité de surface. Elle s'exprime en nombre d'individus/ha. Nous avons déterminé la densité observée et la densité théorique.

- ***La densité observée ou densité réelle*** est obtenu par le rapport de l'effectif total des individus dans l'échantillon par la surface échantillonnée.

$$Dob. = \frac{N}{S}$$

avec *Dob* = Densité observée *N* = effectif total d'individus dans l'échantillon considéré et *S* = surface de l'échantillon en ha.

- **La densité théorique** est obtenue à partir de la distance moyenne entre les arbres. Elle ne tient pas compte d'éventuelles irrégularités sur la parcelle, et de présence de zones sans arbres.

$$D_{th} = \left(\frac{100}{dm}\right)^2$$ avec Dth = Densité théorique $\boldsymbol{dm}$ = distance moyenne entre les arbres

- **Le couvert ligneux** est la surface de la couronne de l'arbre projetée verticalement au sol. Il est exprimé en mètre carré par hectare (m².ha.⁻¹). Le couvert ligneux est calculé avec la formule ci-dessous :

avec C = couvert ligneux ; d_{mh} = diamètre moyen du houppier en m ; S = surface de l'échantillon considéré en ha.

$$C = \frac{\sum \pi \left(\frac{d_{mh}}{2}\right)^2}{S_E}$$

- **La surface terrière** désigne la surface de l'arbre évaluée à la base du tronc de l'arbre. Elle est exprimée en mètre carré par hectare (m².ha.⁻¹). Elle est donc obtenue à partir de la formule suivante :

Avec S_t = surface terrière ; $d_{0,3}$ = diamètre en m du tronc à 0,3 m ; S_E = surface de l'échantillon considéré en ha.

$$S_t = \frac{\sum \pi \left(\frac{d_{0,3}}{2}\right)^2}{S_E}$$

- **L'Indice de Valeur d'Importance** des espèces (IVI) a été mis au point par Curtis et Macintosh (1950) comme étant la somme de la fréquence relative, la densité relative et la dominance relative. Il est une expression synthétique et quantifiée de l'importance d'une espèce dans un peuplement. Il a été fréquemment utilisé pour évaluer la prépondérance spécifique en forêts tropicales (Mori et al., 1983 ; Kouamé, 1998). Son équivalent pour les familles (valeur d'importance des familles) a été proposé par Cottam et Curtis (1956) cité par Adou Yao et Nguessan (2005).

Pour une interprétation plus facile de l'IVI, Lindsey (1956) cité par Labat (1995) l'a exprimé en pourcentage (%) en le définissant comme la moyenne arithmétique, pour l'espèce i, de la densité relative (Dr), la fréquence relative (Fr) et la dominance relative (Domr).

$$IVI = \frac{Dr + Fr + Domr}{3}$$

- *La fréquence relative* d'une espèce (Fr) est le rapport de sa fréquence spécifique par le total des fréquences spécifiques de toutes les espèces multiplié par cent. La fréquence spécifique d'une espèce est le nombre de placettes dans lesquelles cette espèce est présente par rapport au nombre total de placettes.

$$F_r = \frac{F_i}{F} \times 100$$ avec F_r = fréquence relative; F_i = fréquence de présence de l'espèce i et F = somme des fréquences de toutes les espèces de l'échantillon.

- *La densité relative* correspond à la proportion des d'individus d'une espèce par rapport aux individus de toutes les espèces. Elle est égale à l'effectif d'une espèce sur l'effectif total de l'échantillon multiplié par 100 :

avec D_r = densité relative exprimée en pourcentage (%) ; N_i = l'effectif de l'espèce i dans l'échantillon et N = l'effectif total de l'échantillon.

$$D_r = \frac{N_i}{N} \times 100$$

- *La dominance relative* d'une espèce (Domr) est le quotient de son aire basale avec l'aire basale totale de toutes les espèces. Elle a été calculée à partir de la formule suivante :

Avec **Dom** $_r$ = dominance relative exprimée pourcentage (%) ; **St**$_i$ = surface terrière occupée par l'espèce *i* et **St** = surface terrière totale des espèces de l'échantillon.

$$Dom_r = \frac{St_i}{St} \times 100$$

- **Le taux de régénération du peuplement** est donné par le rapport en pourcentage entre l'effectif total des jeunes plants et l'effectif total du peuplement (Poupon, 1980) :

$$TRP = \frac{\text{Effectif total des jeunes plants}}{\text{Effectif total du peuplement}} \times 100$$

L''effectif total du peuplement regroupant aussi bien les jeunes plants que les plantes adultes.

- **L'Importance spécifique de régénération** est quant à elle obtenue à partir du rapport en pourcentage entre l'effectif des jeunes plants d'une espèce et l'effectif total des jeunes plants dénombrés (Akpo & Grouzis, 1996) :

$$ISR = \frac{\text{Effectif des jeunes plants d'une espèce}}{\text{Effectif total des jeunes plants dénombrés}} \times 100$$

Pour étudier le potentiel de régénération naturelle du peuplement ligneux dans les différentes zones de la RBF, nous avons considéré tous les sujets dont la circonférence est inférieure ou égale à 10 cm comme appartenant à la régénération (Akpo & Grouzis, 1996).

4.2- RESULTATS
4.2.1- La richesse spécifique

La richesse spécifique représente une des principales caractéristiques d'un peuplement végétal, et représente la mesure la plus fréquemment utilisée pour étudier la biodiversité.

La richesse spécifique totale (nombre totale d'espèces) à l'échelle de la RBF est de 49 espèces. Elle varie de 35 espèces dans l'aire centrale et l'aire de transition à 28 espèces en zone tampon (tableau 3).

Tableau 3: Variation de la richesse spécifique dans les différentes zones de la RBF

	Aire centrale	Zone tampon	Aire de transition	**RB**
Richesse spéc. totale (S)	35	28	35	**49**
Richesse spéc.moyenne (Ś)	5,4	6	6,6	**5,8**
Variance de la rich. spéc. moy.	4,03	8,73	10,58	**7,11**

La richesse spécifique moyenne qui est le nombre moyen d'espèces par relevé est de 5,8 espèces /relevé à l'échelle de la réserve de biosphère. Elle a également variée en fonction des différentes zones. Elle est en moyenne plus élevée dans l'aire de transition (6,6 espèces/relevé) que dans la zone tampon (6 espèces/relevé) et l'aire centrale (5,4 espèce/relevé).

La variance de la richesse spécifique moyenne est importante pour déterminer l'homogénéité du peuplement. Elle est deux fois plus élevée dans l'aire de transition (10,58) et la zone de tampon (8,73) que dans l'aire centrale (4,03). Plus la variance de la richesse spécifique moyenne est élevée, plus l'hétérogénéité du peuplement est forte.

4.2.2- La variabilité spatiale

L'AFC qui permet de résumer l'information du tableau de données sous forme de graphique, a été utilisée pour apprécier la physionomie de la végétation ligneuse. La matrice 49 x 110 Espèces / relevés a été soumise à l'AFC.

Le test d'indépendance entre les lignes et les colonnes montre une valeur de chi-2 observée de 3796,557; elle correspond à une inertie totale de 6,007.

Les valeurs propres de l'AFC et la quantité d'informations (proportion d'inertie) portée par chacun des axes sont consignés dans le tableau 4.

Le cumul des valeurs de l'inertie qui permet de quantifier l'information contenue dans chaque axe montre que les quatre premiers axes rendent compte de 24 % de la variabilité totale. La projection de l'ensemble des variables sur le plan principal est représentée sur la figure 16.

Tableau 4: Valeurs propres et inerties des quatre premiers axes de l'AFC

	F1	F2	F3	F4
Valeur propre	0,516	0,328	0,306	0,273
Inertie (%)	8,590	5,463	5,102	4,542
% cumulé	8,590	14,053	19,155	23,697

La contribution des espèces a varié de 0,2 à 13,1 % et celles des relevés de 0,15 à 1,89 %. Chaque espèce a donc apporté en moyenne 2,3 % de l'information contenue dans le tableau, contre 0,9 % par relevé. Les espèces à forte contribution c'est-à-dire supérieure à la moyenne sont : *Acacia macrostachia, Acacia seyal, Adenium obesum, Balanites aegyptiaca, Boscia senegalensis, Combretum glutinosum, Combretum micranthum, Commiphora africana, Feretia opodanthera, Grewia bicolor, Guiera senegalensis et Pterocarpus lucens*. Ce sont les espèces qui interviennent de façon significative dans la constitution de l'inertie de l'axe F1. Ces espèces sont les plus fréquentes dans la réserve de biosphère.

Les deux premiers axes factoriels (F1 et F2), qui définissent le plan principal ont permis de faire une représentation en deux dimensions de la structure majeure des données (figure 16). Ces deux axes portent respectivement 8,59% et 5,46% de l'information, soit un pourcentage cumulé de 14,05%. Le graphique symétrique des deux axes F1 et F2 montre que la dispersion est relativement homogène. La majorité des points lignes et des points colonnes se retrouvent au centre du diagramme, formant ainsi un paquet difficile à répartir en groupes. Ainsi on peut conclure que le peuplement végétal des différentes zones de la réserve de biosphère est relativement homogène.

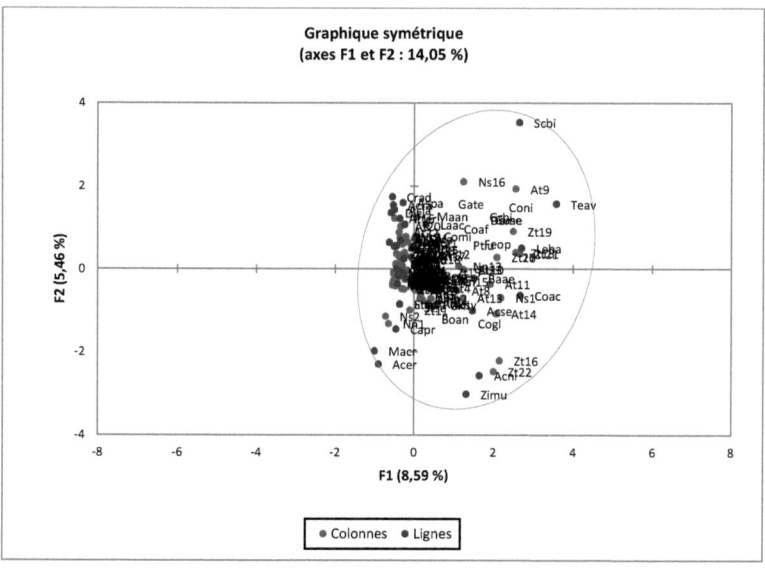

Figure 16: Diagramme de l'AFC de la matrice 49 espèces x 110 relevés

4.2.3- Les paramètres structuraux de la végétation
4.2.3.1- L'analyse fréquentielle

La flore d'un milieu est l'énumération et la description de toutes les espèces qui y croissent. Dans la RBF, la flore est riche de 49 espèces avec des fréquences centésimales variables dans les différentes zones (tableau 5). L'examen du tableau montre que dans la RBF aucune espèce n'est présente dans tous les relevés, c'est dire une fréquence de 100%. Une seule espèce (*Guiera senegalensis*) est présente dans les ¾ des relevés. Elle est suivie de *Combretum glutinosum* (65,5%), *Boscia senegalensis* (63,6%) et *Pterocarpus lucens* (60,9%). Cette répartition des espèces est variable en fonction des différentes zones. Dans l'aire centrale *Boscia senegalensis* qui est présente dans plus de huit relevés sur dix est la deuxième espèce la plus fréquente derrière *Guiera senegalensis* (86%). Dans la zone tampon *Combretum glutinosum* (84%) devient l'espèce la plus fréquente et est suivie par *Guiera senegalensis* (68%). Dans l'aire de transition *Combretum glutinosum* présente la fréquence la plus élevée de toutes les zones avec

89,3%. Les espèces qui présentent les fréquences les plus faibles sont celles qui sont exclusives à une des trois zones de la réserve de biosphère.

Tableau 5: Fréquences centésimales des espèces ligneuses dans les différentes zones de la RBF

Zones Espèces	Aire centrale	Zone tampon	Aire de transition	**RBF**
Guiera senegalensis J. F. Gmel.	86,0	68	60,7	**75,5**
Combretum glutinosum Perrott. ex DC.	45,6	84	89,3	**65,5**
Boscia senegalensis (Pers.) Lam. Ex Poir.	82,5	32	53,6	**63,6**
Pterocarpus lucens Lepr. Ex Guill. et Perrott.	78,9	56	28,6	**60,9**
Grewia bicolor Juss.	63,2	48	28,6	**50,9**
Combretum micranthum G. Don	29,8	32	21,4	**28,2**
Balanites aegyptiaca (L.) Del.	12,3	40	46,4	**27,3**
Commiphora africana (A. Rich.) Engl.	12,3	40	42,9	**26,4**
Adenium obesum (Forsk.) Roem. et Schult.	10,5	32	39,3	**22,7**
Acacia macrostachia Reichenb ex. Benth.	8,8	32	25,0	**18,2**
Acacia senegal (L.) Willd	15,8	20	21,4	**18,2**
Feretia opodanthera Del.	15,8	16	17,9	**16,4**
Boscia angustifolia A. Rich.	8,8	16	3,6	**9,1**
Lannea acida A. Rich.	3,5	8	21,4	**9,1**
Leptadaena hastata (Pers.) Dcne	3,5	16	10,7	**8,2**
Sterculia setigera Del.	3,5	4	17,9	**7,3**
Acacia seyal Del.	8,8	0	7,1	**6,4**
Dalbergia melanoxylon Guill. et Perrott.	7,0	0	7,1	**5,5**
Pterocarpus erinaceus Poir.	1,8	4	14,3	**5,5**
Acacia ataxacanta DC.	5,3	4	3,6	**4,5**
Adansonia digitata L.	3,5	4	7,1	**4,5**
Combretum nigricans Lepr. ex Guoll. et Perrott	8,8	0	0	**4,5**
Terminalia avicennoides Guill. & Perr.	0	12	7,1	**4,5**
Acacia laeta R. Br. ex Benth.	0	4	10,7	**3,6**
Maytenus senegalensis (Lam.) Exell.	3,5	0	7,1	**3,6**
Acacia pennata (L.) Willd.	0	4	7,1	**2,7**
Anogeissus leiocarpus (DC) Guill. et Perrott.	1,8	0	7,1	**2,7**
Cadaba farinosa Forsk.	0	0	10,7	**2,7**
Crataeva adansoni DC.	0	0	10,7	**2,7**
Acacia nilotica (L.) Willd. ex Del.	1,8	4	0	**1,8**
Asparagus pauli-gulielmi Solms-Laub.	0	0	7,1	**1,8**
Calotropis procera (Ait.) Ait. F.	1,8	0	3,6	**1,8**
Dichrostachys cinerea L. Wight & Arn.	0	4	3,6	**1,8**
Gardenia erubescens Stapf.	3,5	0	0	**1,8**

Grewia flavescens Juss.	1,8	0	0	**1,8**
Sclerocarya birrea (A. Rich.) Hochst.	1,8	0	3,6	**1,8**
Ziziphus mauritiana Lam.	3,5	0	0	**1,8**
Ziziphus mucronata Willd.	0	8	0	**1,8**
Acacia ehrenbergiana Hayne	1,8	0	0	**0,9**
Acacia raddiana Savi	0	0	3,6	**0,9**
Piliostigma reticulatum (DC.) Hochst.	1,8	0	0	**0,9**
Bombax costatum Pellegr. et Vuillet	1,8	0	0	**0,9**
Combretum aculeatum Vent.	0	0	3,6	**0,9**
Entada africana Guill. et Perrott.	0	4	0	**0,9**
Gardenia ternifolia Schumach et Thonn.	0	0	3,6	**0,9**
Maerua angolensis DC.	0	4	0	**0,9**
Maerua crassifolia Forsk.	1,8	0	0	**0,9**
Mitragyna inermis (Willd.) O. Ktze.	1,8	0	0	**0,9**
Strychnos spinosa Lam.	0	4	0	**0,9**

4.2.3.2 - Association d'espèces dans les différentes zones de la RBF

La flore de la RBF est riche de 49 espèces. Une grande partie de cette flore est constituée d'espèces indifférentes ou espèces communes c'est-à-dire rencontrées dans les trois zones de la réserve de biosphère. Ces espèces cosmopolites, à large répartition écologique sont dominées par *Guiera senegalensis, Combretum glutinosum, Boscia senegalensis, Pterocarpus lucens et Combretum micranthum* qui sont abondantes et fréquentes dans les différentes zones de la réserve de biosphère. Ces espèces sont associées dans les différentes zones à *Balanites aegyptiaca, Commiphora africana, Adenium obesum, Acacia macrostachia, Feretia opodanthera et Acacia senegal.*

La fidélité des espèces est un caractère important dans l'étude des groupements végétaux. Les espèces fidèles marquent une préférence à un milieu par une plus grande abondance ou vitalité que dans les autres groupements (Akpo, 1998).

Les espèces exclusives, sont des espèces strictement inféodées, quelle que soient leur abondance et leur dominance à un biotope donné. Ces espèces ont été rencontrées dans les différentes zones de la réserve de biosphère (Tableau 6). Il faut également noter la présence d'espèces qui sont normalement exclusives d'un biotope mais qui peuvent exceptionnellement être recueillies sous une forme rabougrie ou juvénile dans d'autres biotopes.

Tableau 6: Espèces exclusives dans les différentes zones de la RBF

Aire centrale	Zone tampon	Aire de transition
Acacia ehrenbergiana	Entada africana	Acacia radiana
Piliostigma reticulatum	Maerua angolensis	Asparagus pauli-gulielmi
Bombax costatum	Strychnos spinosa	Cadaba farinosa
Combretum nigricans	Ziziphus mucranata	Combretum aculeatum
Gardenia erubescens		Crataeva adansoni
Grewia flavescens		Gardenia ternifolia
Maerua crassifolia		
Mitragyna inermis		
Ziziphus mauritiana		

L'examen de ce tableau fait ressortir que l'aire centrale qui est une zone de conservation renferme deux fois plus d'espèces exclusives que la zone tampon qui est à systèmes d'utilisation multiples. Ces espèces exclusives sont généralement peu fréquentes ou rares ; elles révèlent par leur présence une spécificité écologique du biotope (Akpo, 1998). La plus part de ces espèces ne sont rencontrées qu'une seule fois sur un total de 110 relevés (*Acacia ehrenbergiana, Acacia raddiana, Bombax costatum, Combretum aculeatum, Gardenia ternifolia, Entada africana, Grewia flavescens, Maerua angolensis, Maerua crassifolia,* et *Strychnos spinosa*…).

4.2.3.3 – La densité

La densité observée (densité réelle) et la densité théorique des différentes zones de la réserve de biosphère sont consignées dans le tableau 7.

Dans la RBF la densité observée est de 389 pieds/hectare. Cependant, elle est plus élevée dans l'aire centrale (392) que dans la zone tampon (352) et l'aire de transition (347).

Les espèces qui présentent les plus fortes densités ont varié d'une zone à l'autre.

- Dans l'aire centrale : *Guiera senegalensis, Pterocarpus lucens* et *Boscia senegalensis* avec respectivement des densités de 154 ; 63 et 50 individus par hectare. Deux espèces (*Guiera senegalensis* et *Pterocarpus lucens*) représentent plus de la moitié de la densité moyenne de l'aire centrale (214 pieds / ha).
- Dans la zone tampon: *Guiera senegalensis, Balanites aegyptiaca* et *Combretum glutinosum* avec respectivement 76 pieds / ha, 47 pieds / ha et 45 pieds / ha.
- Dans l'aire de transition : *Combretum glutinosum, Guiera senegalensis, Boscia senegalensis,* avec respectivement 113 pieds / ha, 48 pieds / ha et 39 pieds / ha sont les espèces les plus présentes dans cette zone.

La densité théorique est plus élevée que la densité observée dans les différentes unités de la réserve de biosphère. Le rapport entre la densité théorique et la densité observée est de 2,22 dans l'ensemble de la réserve de biosphère, mais est variable d'une unité à l'autre. Il est plus élevé dans l'aire centrale (2,48) et la zone de transition (2,57) que dans l'aire de transition (2,1) qui subit plus l'influence de l'homme, qui par son action impacte sur l'espacement entre les arbres.

Tableau 7: Paramètres structuraux de la végétation ligneuse de la RBF

Paramètres écologiques	Aire centrale	Zone tampon	Aire de transition	RBF
Densité observée Dob (n.ha^{-1})	392	352	347	389
Dm entre arbres (m)	3,2	3,32	3,7	3,4
Densité théorique (n.ha^{-1})	976	907	730	865
Rapport Dth/Dob	2,48	2,57	2,1	2.22
Taux de couverture %	32%	43%	35%	35,30%
Surface terrière (m².ha^{-1})	6,1	9,17	8,64	7,44
Taux de régénération %	79%	36%	39%	72%

4.2.3.4 – Le recouvrement

Le recouvrement ligneux est la surface de la couronne de l'arbre projetée verticalement au sol ; il indique la surface couverte par le feuillage de l'arbre. Le taux de recouvrement est de 35,3 % dans l'ensemble de la RBF. Il varie en fonction des différentes zones car sa valeur dépend fortement de la présence de grands arbres aux larges houppiers. Il est de 32% pour l'aire centrale, 43% en zone tampon et 35% dans l'aire de transition (tableau 7).

Le taux de recouvrement des espèces dominantes dans les différentes zones se présente comme suit :

- Dans l'aire centrale : *Pterocarpus lucens* (12,5 %), *Guiera senegalensis* (6 %), *Combretum glutinosum* (2,9 %) et *Grewia bicolor* (1,7%).
- En zone de transition : *Pterocarpus lucens* (13,7 %), *Guiera senegalensis* (5,9 %), *Combretum glutinosum* (5,8 %) *Acacia senegal* (4%) et *Balanites senegalensis* (3,45 %).
- Dans l'aire de transition : *Combretum glutinosum* (10,14%) *Pterocarpus lucens* (3,3%), *Sterculia setigera* (3,1 %), *Guiera senegalensis* (3,1 %) et *Acacia senegal* (2,8%).

4.2.3.5 – La surface terrière

La surface terrière est la surface d'ancrage en m² par hectare évaluée à la base du tronc de l'arbre. La surface terrière moyenne de la réserve de biosphère est de 7,44 m²/ha. Elle varie de

6,1 m²/ha dans l'aire centrale à 9,17 m²/ha en zone tampon et 8,64 m²/ha dans l'aire de transition (tableau 7).

La surface terrière des espèces dominantes dans les différentes zones se présente comme suit :
- Dans l'aire centrale *Pterocarpus lucens* (2,33 m²/ha), *Adansonia digitata* (1,25 m²/ha), *Guiera senegalensis* (0,45 m²/ha) présentent les surfaces terrières les plus élevées et contribuent pour prés de 67% à la surface terrière de la réserve de biosphère.
- En zone tampon *Pterocarpus lucens* (4,3 m²/ha), *Combretum glutinosum* (1,03 m²/ha) et *Balanites aegyptiaca* (0,62 m²/ha) contribuent pour 65% à la surface terrière.
- Dans l'aire de transition : *Combretum glutinosum* (2,1 m²/ha), *Sterculia setigera* (1,47 m²/ha), *Adansonia digitata* (1,08 m²/ha) dominent largement car elles représentent plus de la moitié de la surface terrière de la zone de transition.

4.2.3.6- La structure du peuplement

La structure du peuplement ligneux a été établie par la distribution des ligneux en classe de hauteur et en classe de circonférence dans les différentes zones et globalement dans la réserve de biosphère du Ferlo.

❖ *Distribution selon la hauteur*

La distribution des arbres dans la RBF selon les classes de hauteur (figure 17) est de type unimodal et est caractérisée par la présence de toutes les classes de hauteur.

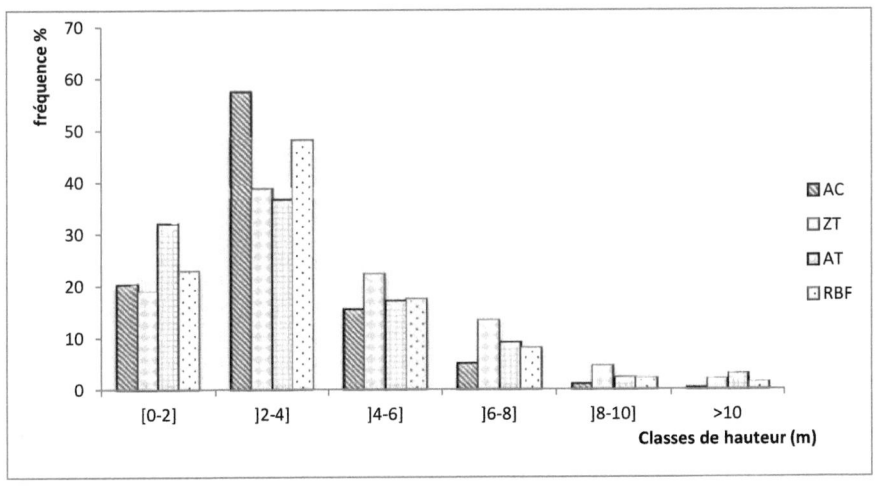

Figure 17: Distribution des ligneux de la RBF selon les classes de hauteur (m)

La hauteur des ligneux est comprise entre 0,36 m et 16,25 m. La classe]2-4 m] (48% des ligneux) est la mieux représentée aussi bien dans les 3 zones que dans la RBF prise globalement. Cette classe est suivie par celle des hauteurs comprises entre 0 et 2 m avec 23% des individus, puis par la classe de hauteur]4-6 m] qui regroupe 19% des ligneux de la RBF. Les trois premières classes qui regroupent les individus dont la hauteur est comprise entre 0 et 6 m représentent près de 90% des arbres inventoriés, ce qui fait dire que formations végétales de la réserve de biosphère sont dominées par les savanes arbustives. Les arbres dont la hauteur est supérieure à 6 m ne représentent que 10% des individus inventoriés.

Dans les différentes zones de la RBF, l'examen de la structure des populations des trois espèces les plus abondantes dans les différentes classes de hauteur (figure 18) permet d'apporter quelques indications subsidiaires sur ce peuplement.

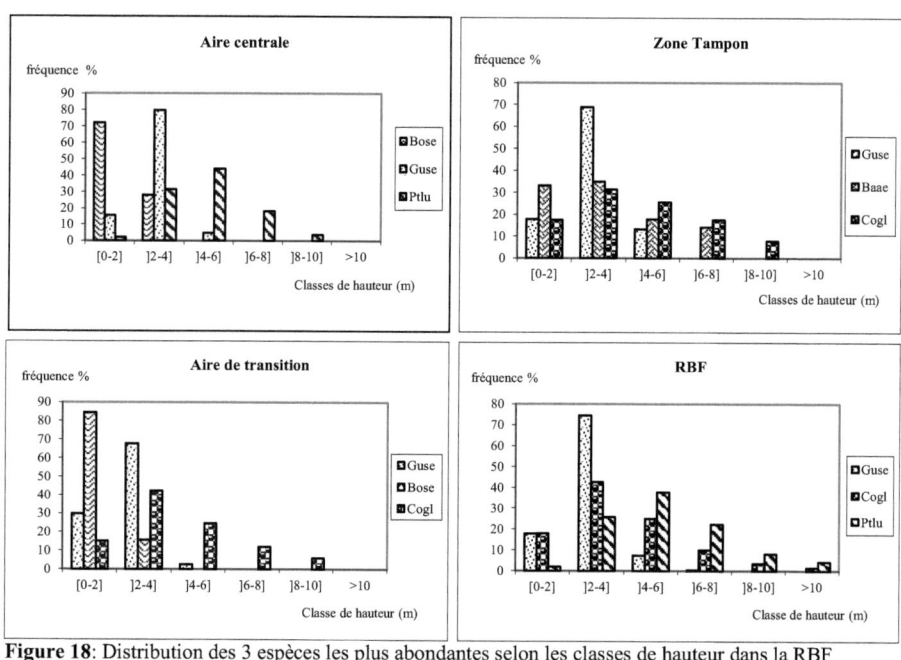

Figure 18: Distribution des 3 espèces les plus abondantes selon les classes de hauteur dans la RBF
(Guse = *Guiera senegalensis* ; Bose = *Boscia senegalensis* ; Ptlu = *Pterocarpus lucens* ; Baae = *Balanites aegyptiaca* ; Cogl = *Combretum glutinosum*)

Dans l'aire centrale, la distribution de la population *Boscia senegalensis* a révélé que cette espèce n'est présente que dans les classes [0-2 m] et]2-4 m] avec respectivement des fréquence de 72% et de 28%. Pour *Guiera senegalensis,* la classe modale]2-4 m] regroupe 80% des individus contre 15,6% pour la classe [0-2]. Ces deux espèces ne présentent aucun individu dont la hauteur est > 6m. L'absence de catégories supérieures pour ces espèces semble être liée au fait qu'elles sont des arbustes souvent coupés lors des défrichements, mais également pour produire du bois de feux et de services. La structure de *Pterocarpus lucens* diffère de celle des deux espèces précédentes du fait d'une présence remarquée dans les classes supérieures ; 67% des individus inventoriés ont une hauteur comprise entre 4 et 10m.

En zone tampon, la structure des trois espèces les plus abondantes est de type unimodal et est comparable à la structure du peuplement de la RBF qui montre une prédominance des individus dans la classe]2-4m]. Cependant, les classes]4-6m] et]6-8m] sont représenté pour *Balanites aegyptiaca* et *Combretum glutinosum*.

Dans l'aire de transition la structure des trois espèces les plus abondantes est caractérisé par une forte présence de *Boscia senegalensis* dans la classe [0-2] (85%) et de *Guiera senegalensis* dans la classe]2-4] avec une fréquence de distribution de 68%. Ces deux espèces sont absentes dans les classes supérieures, contrairement à *Combretum glutinosum* qui présente une structure plus équilibrée.

❖ ***Distribution selon la grosseur :***

Dans la RBF, la circonférence des ligneux inventoriés est comprise entre 10 cm (*Guiera senegalensis*) et 808 cm (*Adansonia digitata*). La distribution des arbres selon les classes de circonférence (figure 19) montre que la structure des peuplements est similaire dans les différentes zones de la réserve de biosphère. Dans la classe [10-50 cm], on retrouve 85% des individus dans l'aire centrale ; 72,8% des individus de la zone tampon et 76,2% des arbres dans l'aire de transition. Les autres classes de circonférence sont ainsi faiblement représentées mais avec une structure comparables dans les différentes zones de la réserve de biosphère.

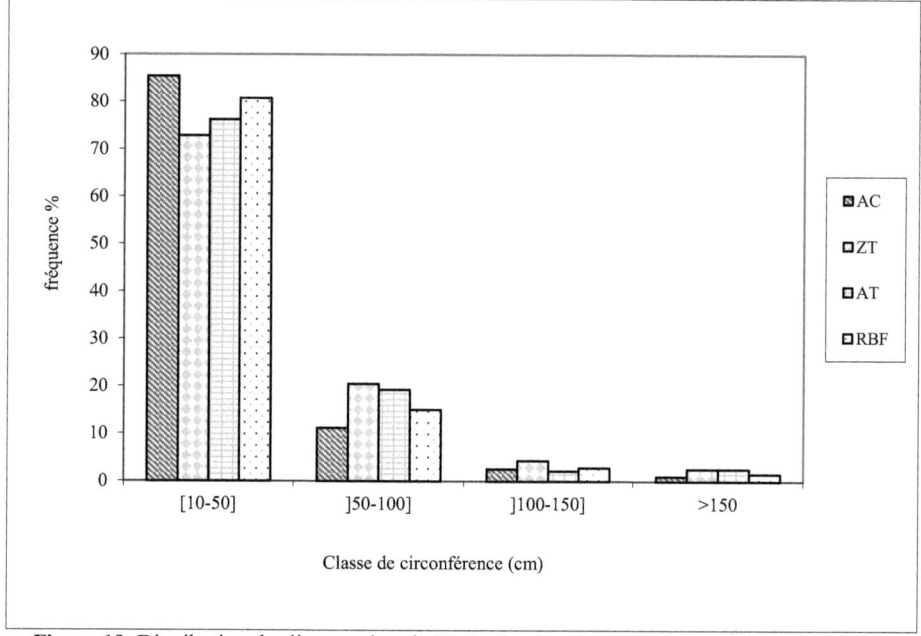

Figure 19: Distribution des ligneux dans la RBF selon les classes de circonférence (cm)

Dans les différentes zones de la réserve de biosphère, nous avons établi les histogrammes de distribution des populations des trois espèces les plus abondantes en fonction des classes de circonférence (figure 20). L'examen de ces graphiques montre qu'ils présentent approximativement les mêmes allures. Ils sont caractérisés par la prédominance de la classe [10-50 cm]. En effet, dans l'aire centrale 98% des effectifs de *Boscia senegalensis* et 99% des individus de *Guiera senegalensis* se retrouvent dans cette classe. En zone tampon et dans l'aire de transition la fréquence de présence de *Guiera senegalensis, Boscia senegalensis* et *Balanites aegyptiaca* atteint des pics qui varient entre 80 et 95%.

Toutefois il faut noter la présence d'espèces à gros diamètre surtout en zone de transition et en zone tampon du fait de l'omniprésence de l'homme qui intervient dans la sélection de certaines espèces. Ces espèces à gros tronc sont principalement *Sterculia setigera* et *Adansonia digitata*.

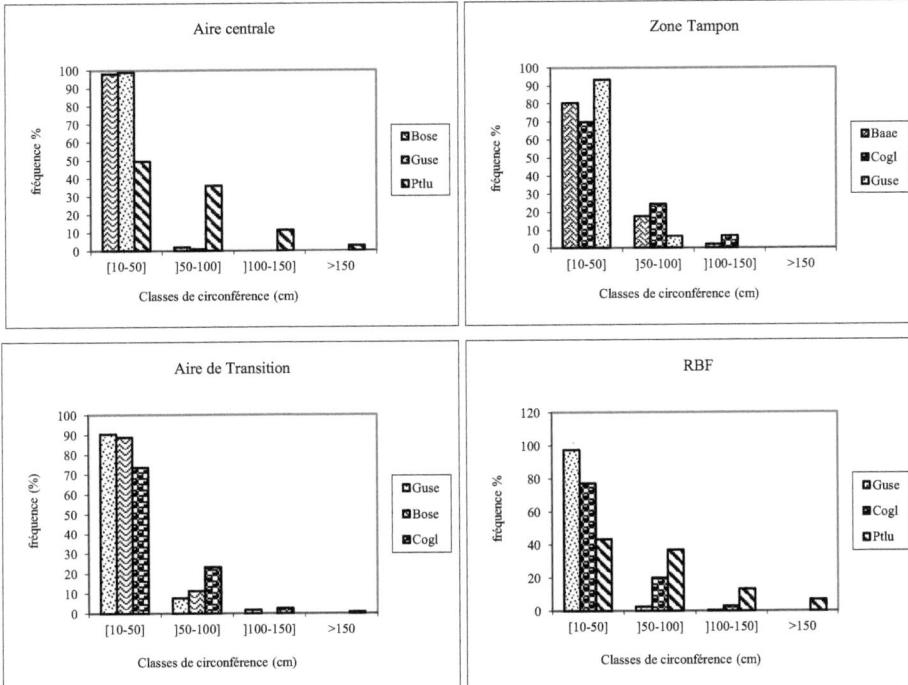

Figure 20: Distribution des 3 espèces les plus abondantes, selon les classes de circonférence dans la RBF

(Guse = *Guiera senegalensis* ; Bose = *Boscia senegalensis* ; Ptlu = *Pterocarpus lucens* ; Baae = *Balanites aegyptiaca* ; Cogl = *Combretum glutinosum*)

La distribution du peuplement ligneux selon la hauteur et la grosseur dans la réserve de biosphère montre que la végétation est dominée par des arbustes ; il s'agit de savanes arbustives.

4.2.2.7 – Importance écologique

L'importance écologique des espèces (Importance Value Index) ou IVI de Curtis et Macintosh (1951) est calculée pour les différentes zones de la RBF. L'analyse du tableau 8 révèle que globalement les espèces prépondérantes, qui présentent des valeurs d'importance écologique les plus élevées sont *Pterocarpus lucens, Guiera senegalensis* et *Combretum glutinosum* avec respectivement des valeurs de 18,1% ; 16,09% et 13,4%.

Dans l'aire centrale, les espèces avec des valeurs d'IVI les plus élevées sont *Pterocarpus lucens* (22,9%), *Guiera senegalensis* (20,9%) et *Boscia senegalensis* (10,56%).

En zone tampon, les espèces les plus importantes sont les mêmes que dans l'ensemble de la RBF à savoir *Pterocarpus lucens, Guiera senegalensis* et *Combretum glutinosum*. Dans l'aire de transition *Combretum glutinosum* avec une IVI de 23,48% est l'espèce prépondérante devant *Guiera senegalensis* (9,02%) et *Boscia senegalensis* (7,84%). *Pterocarpus lucens* qui a l'IVI la plus élevée dans l'aire centrale et la zone tampon est moins présente dans l'aire de transition caractérisée par une forte anthropisation.

Tableau 8: Valeurs d'importance écologique (%) des espèces dans les trois zones de la RBF

Zone Espèces	Aire centrale	Zone tampon	Aire de transition	RBF
Pterocarpus lucens	22,93	22,51	5,34	18,10
Guiera senegalensis	20,87	12,89	9,02	16,09
Combretum glutinosum	8,28	12,68	23,48	13,40
Boscia senegalensis	10,56	3,38	7,84	8,14
Grewia bicolor	8,05	4,98	3,97	6,20
Adansonia digitata	7,08	0,76	4,58	4,57
Balanites aegyptiaca	1,86	8,93	5,83	4,56
Combretum micranthum	3,31	3,57	1,97	3,02
Commiphora africana	1,25	4,33	4,78	2,92
Adenium obesum	1,33	3,60	4,66	2,82
Acacia senegal	1,43	5,20	3,28	2,78
Sterculia setigera	0,28	0,94	7,03	2,43
Acacia macrostachia	0,71	5,05	3,09	2,37
Feretia opodanthera	1,73	1,06	1,36	1,49
Terminalia avicennoides	0	2,86	0,91	0,98
Anogeissus leiocarpus	1,13	0	1,24	0,85
Lannea acida	0,36	0,57	1,89	0,83
Acacia seyal	0,94	0	1,44	0,83
Leptadaena hastata	0,25	2,00	0,75	0,78
Boscia angustifolia	0,80	1,21	0,22	0,73
Bauhinia reticulatum	1,39	0	0	0,63
Pterocarpus erinaceus	0,24	0,27	1,37	0,55
Dalbergia melanoxylon	0,60	0	0,60	0,45
Combretum nigricans	0,90	0	0	0,44
Mitragyna inermis	0,81	0	0	0,36
Acacia laeta	0	0,31	0,96	0,34
Ziziphus mauritiana	0,70	0	0	0,32
Acacia ataxacanta	0,36	0,35	0,22	0,32
Maytenus senegalensis	0,37	0	0,44	0,31
Sclerocarya birrea	0,35	0	0,38	0,27

Acacia pennata	0	0,34	0,47	0,21
Cadaba farinosa	0	0	0,67	0,18
Crataeva adansoni	0	0	0,64	0,18
Acacia nilotica	0,14	0,47	0	0,18
Gardenia erubescens	0,34	0	0	0,17
Ziziphus mucronata	0	0,65	0	0,16
Dichrostachys cinerea	0	0,26	0,26	0,13
Calotropis procera	0,13	0	0,22	0,12
Asparagus pauli-gulielmi	0	0	0,44	0,12
Grewia flavescens	0,13	0	0	0,11
Entada africana	0	0,30	0	0,07
Bombax costatum	0,14	0	0	0,07
Gardenia ternifolia	0	0	0,23	0,06
Acacia ehrenbergiana	0,13	0	0	0,06
Combretum aculeatum	0	0	0,22	0,06
Maerua crassifolia	0,13	0	0	0,06
Maerua angolensis	0	0,27	0	0,06
Acacia radiana	0	0	0,22	0,06
Strychnos spinosa	0	0,26	0	0,06

4.2.2.8 – La régénération naturelle du peuplement

La régénération naturelle est à la base de la compréhension de la dynamique de la végétation ligneuse. Elle peut être végétative ou par semis naturel. Elle passe par le recrutement, la mortalité juvénile et les différents stades de développement, puis la survie (Traoré, 1997). Dans la réserve de biosphère, la régénération du peuplement a été évaluée par l'importance des jeunes plants (circonférence < 10cm). Le taux de régénération du peuplement est de 72% dans l'ensemble de la RBF. Il varie fortement d'une zone à l'autre. Il est deux fois plus élevé dans l'aire centrale (79%) qui est moins anthropisée que dans la zone tampon (36%) et l'aire de transition (39%) (tableau 7).

L'importance de la régénération en fonction des différentes espèces a été appréhendée par le calcul de l'indice spécifique de régénération (ISR) dans les 3 zones de la RBF (Tableau 9).

Tableau 9: Indice spécifique de régénération (ISR) en % dans les trois zones de la RBF

Zone Espèce	Aire centrale	Zone tampon	Aire de transition	RBF
Guiera senegalensis	64,43	52,41	38,34	62,37
Boscia senegalensis	17,16	11,40	8,29	16,38
Combretum glutinosum	3,86	12,06	14,51	4,86
Grewia bicolor	4,36	4,82	1,73	4,23
Balanites aegyptiaca	1,85	11,62	15,03	3,05
Pterocarpus lucens	3,00	0,88	1,73	2,83
Combretum micranthum	2,01	0,44	0,17	1,83
Asparagus pauli-gulielmi	0	0	15,54	0,91
Feretia opodanthera	0,90	0,44	0,17	0,84
Acacia senegal	0,33	1,75	2,25	0,50
Acacia macrostachia	0,24	3,51	0,17	0,38

L'examen du tableau 9 montre que *Guiera senegalensis* a le meilleur potentiel de régénération de la RBF avec un indice spécifique de régénération de 62,37%. Elle est suivie de *Boscia senegalensis* avec 16,38%. Ces deux espèces comportent 78% des jeunes plants inventoriés dans la RBF.

Dans l'aire centrale *Guiera senegalensis* (64,43%) et *Boscia senegalensis* (17,16%) ont le plus contribué au potentiel de régénération du peuplement ligneux. En fait, plus de 80% des plants juvéniles inventoriés dans cette zone relèvent de ces deux espèces. En zone tampon *Guiera senegalensis* (52,41%) s'accompagne de *Combretum glutinosum* (12,06%) et *Balanites aegyptiaca* (11,62%). Ces trois espèces présentent également les potentiels de régénération les plus élevés dans l'aire de transition avec des proportions différentes. Globalement, les espèces qui présentent les indices spécifiques de régénération les plus élevés sont les arbustes notamment les *combretaceae* qui régénèrent facilement par rejets de souche en l'absence des feux de brousse.

4.3- DISCUSSION ET CONCLUSION

L'objectif de ce travail est de caractériser le peuplement végétal de la RBF. Nous avons alors examiné successivement le cortège floristique, la distribution spatiale du peuplement, l'importance écologique et le potentiel de régénération du peuplement.

Dans la RBF, la flore est riche de 49 espèces. L'analyse des fréquences centésimales a montré que *Guiera senegalensis* est l'espèce la plus fréquente dans la réserve avec une présence dans les ¾ des relevés effectués. Elle est suivie de *Combretum glutinosum* (65,5%), *Boscia senegalensis* (63,6%) et *Pterocarpus lucens* (60,9%). Ces résultats révèlent que les *combretaceae* (*Guiera senegalensis* et *Combretum glutinosum*) sont très fréquentes au Ferlo et occupent de plus en plus d'espaces, ce qui fait dire à Ngom (2008) que ces deux espèces sont entrain de coloniser le milieu avec comme corollaire une combrétinisation et une modification de la structure de la végétation ligneuse. Ce sont des espèces caractéristiques, de bons indicateurs des changements d'état de la végétation ligneuse.

L'analyse factorielle de correspondance 49 X 110 relevés /espèces nous a permis de montrer que le peuplement végétal des différentes zones de la réserve de biosphère est relativement homogène. Cependant la densité observée qui est de 389 pieds/hectare dans l'ensemble de la réserve varie en fonction des différentes zones. Elle est plus élevée dans l'aire centrale (392) que dans la zone tampon (352) et l'aire de transition (347). Cet état de fait s'explique par la plus faible présence de l'homme dans l'aire centrale que dans les autres unités.
Le rapport entre la densité théorique et la densité observée (2,22) est très élevée dans la RBF; ce qui traduit une distribution en agrégats de la végétation ; avec la présence tantôt d'endroits très clairsemés, tantôt d'endroits où les individus sont en bosquets (Gning, 2008).
L'aire centrale qui a la densité observée la plus élevée de la réserve de biosphère, présente la surface terrière la plus faible parce que la flore est dominée par *Guiera senegalensis* et *Boscia senegalensis* qui sont des arbustes, avec des troncs de faible grosseur. Ceci confirme Bouxin (1975) selon qui il n'existe pas de parallélisme entre la surface terrière et la densité.
Le taux de recouvrement est de 35,3 % dans l'ensemble de la RBF. Ce couvert végétal plus élevé en zone tampon (43%) que dans les autres unités s'explique par la présence d'arbres à grandes cimes (*Adansonia digitata, Sterculia setigera, Pterocarpus lucens...*). En effet, Les arbres à grands houppiers contribuent plus au recouvrement et jusqu'à un certain degré de recouvrement, ils modifient les conditions écologiques en réduisant le pouvoir évaporant de l'air, en favorisant le bilan hydrique du sol et en améliorant la fertilité (Akpo, 1993).

La structure du peuplement ligneux de la RBF établie suivant les classes de hauteur montre que les trois premières classes qui regroupent les individus dont la hauteur est comprise entre 0 et 6 m représentent prés de 90% des arbres inventoriés. Ceci révèle l'importance de la strate arbustive dans les 3 zones constitutives de la réserve de biosphère. La structure du peuplement selon les classes de circonférence montre que 95,7% des individus inventoriés ont des circonférences comprises entre 0 et 1m. Ceci confirme la forte proportion d'individus relativement jeunes, constituant une savane arbustive. L'importance des individus jeunes du peuplement provient en fait essentiellement des populations de *Guiera senegalensis, Boscia senegalensis* et dans une moindre mesure de *Combretum glutinosum* et *Pterocarpus lucens*. D'une manière générale, la variation des communautés végétales dans la RBF parait être liée plus à l'anthropisation (surpâturage, feux de brousse, coupe des arbres, défrichement...) qu'aux conditions intrinsèques des systèmes d'utilisation des terres (nature des sols, disponibilité en eau....). Les variations de la disponibilité en eau des sols constituent toutefois une des causes principales de l'hétérogénéité spatiale des communautés végétales. Ces variations peuvent dépendre aussi de l'hétérogénéité de la couverture pédologique qui conditionne la redistribution de l'eau à l'échelle des versants sous l'action du ruissellement (Olswig-Whittaker et al, 1983). La structure spatiale de la végétation intervient elle-même dans la redistribution de l'eau ; sa dynamique naturelle ou provoquée engendre soit un renforcement des processus existants, soit une évolution vers des modes de fonctionnement nouveaux (Cornet, 1992).

Globalement, dans la réserve de biosphère, trois espèces se dégagent de par leur importance écologique : *Pterocarpus lucens, Guiera senegalensis* et *Combretum glutinosum*. Les deux derniers à savoir les *Combretaceae* (*Combretum glutinosum* et *Guiera senegalensis*) ont marqué par leur présence l'écosystème. Ces deux espèces sont entrain de coloniser le milieu avec comme corollaire une combrétinisation et une modification de la structure de la végétation ligneuse. *Pterocarpus lucens* qui est surtout présente dans l'aire centrale et en zone tampon joue un rôle important dans l'apport fourrager en saison sèche. En effet, *Pterocarpus lucens* est une des espèces les plus appétées et les plus nutritionnelles des espèces fourragères ligneuses sahéliennes (Wilson, 1980).

Le taux de régénération du peuplement végétal est de 72% dans l'ensemble de la RBF. Il est deux fois plus élevé dans l'aire centrale (79%) que dans la zone tampon (36%) et l'aire de transition (39%). Ceci est lié au fait que l'aire centrale qui bénéficie d'un statut légal de protection subit moins la pression de l'homme que les deux autres zones où des établissements humains sont installés et où tous les systèmes d'utilisation des terres sont rencontrés. L'importance de cette régénération varie selon les différentes espèces. *Guiera senegalensis* est la seule espèce qui présente un potentiel de régénération acceptable avec un indice spécifique de régénération de 62%. En effet, cette espèce est capable de régénérer même après une coupe rase par apparition de rejets de souches appétées par les bovins. Elle est suivie de *Boscia senegalensis* qui regroupe 16% de l'ensemble des jeunes individus inventoriés.

Balanites aegyptiaca a également un potentiel de régénération moyen dans la zone de transition ou zone de coopération. Elle colonise tous les sols et toutes les situations topographiques. Sa régénération semble se faire par semis naturel contrairement à *Guiera senegalensis*. Ce semis naturel est facilité par la consommation des fruits par les animaux qui rejettent les amandes dans les déjections, ce qui facilite la germination (Ngom, 2008). Selon Grouzis et Albergel (1988), cité par Gning (2008), en zone sahélienne, les capacités de régénération résident dans les caractères d'adaptation des espèces et des structures de végétation face à la sécheresse et à la variabilité des conditions édapho-climatiques.

En dehors de ces trois espèces, le potentiel de régénération est globalement faible pour les autres espèces présentes dans la RBF. Le surpâturage, la péjoration climatique, les feux de brousse et la surexploitation semblent en être les principales causes.

Chapitre 5 :
LA DIVERSITE TAXONOMIQUE DU PEUPLEMENT LIGNEUX DE LA RÉSERVE DE BIOSPHÈRE DU FERLO

RESUME

Des relevés de végétation ligneuse (110) effectués dans les trois zones de la réserve de biosphère du Ferlo ont permis d'étudier la diversité taxonomique du peuplement végétal. La richesse spécifique totale (S) est de 49 espèces réparties en 32 genres relevant de 17 familles botaniques. L'examen du spectre d'abondance des espèces montre que les quatre espèces les plus abondantes sont *Guiera senegalensis* (29,5%), *Combretum glutinosum* (15,9%), *Pterocarpus lucens* (11,6%) et *Boscia senegalensis* (10,5%). Ces quatre espèces représentent 68% de l'ensemble des effectifs de la RBF et sont également les quatre espèces les plus fréquentes. Le spectre d'abondance des familles montre que celle des *Combretaceae* est la mieux représentée avec prés de la moitié des effectifs (49,7%).

L'étude des indices de diversité et d'équitabilité dans la RBF a révélé que la zone tampon et l'aire de transition qui font l'objet de multiples usages et qui subissent l'action de l'homme, présentent une diversité plus grande et un niveau d'organisation du peuplement ligneux plus élevé que l'aire centrale qui est une zone de conservation intégrale. L'analyse de la matrice de similarité de Jaccard montre que la zone tampon et de l'aire transition sont les deux zones les plus proches en termes de composition spécifique.

INTRODUCTION

La réserve de biosphère du Ferlo est constituée d'un ensemble d'écosystèmes d'une grande diversité. Plusieurs travaux de recherche ont été menés sur la structure et le fonctionnement des systèmes écologiques sahélo-soudaniens (Bille, 1977 ; Cornet, 1981; Akpo, 1993 ; Vincke, 1995 ; Akpo & Grouzis, 1996 ; Akpo, 1998 ; Ngom, 2008 ; Diouf, 2011…). Au plan phytogéographique, le Ferlo est à cheval entre les formations sahéliennes et celles soudaniennes. La savane arbustive et la savane arborée sont les types physionomiques dominants, avec un tapis graminéen ouvert, de hauteur variable, parsemé d'arbustes clairsemés et parfois d'arbres (Ngom, 2008).

La diversité taxonomique d'un peuplement résulte de la combinaison de trois aspects que sont la richesse taxonomique, de l'équitabilité ou répartition de l'abondance et enfin la composition en taxons (Gosselin & Laroussinie, 2004). Ainsi, l'étude de la richesse floristique dans les différentes zones de la réserve de biosphère est un indicateur de biodiversité important, mais ne peut pas expliquer à elle seule la diversité d'où la nécessité de s'intéresser aux indices de diversité, à l'équitabilité et à la composition taxinomique du peuplement végétal.

Pour mieux appréhender la biodiversité végétale dans les différentes zones constitutives de la RBF, nous avons entrepris d'étudier la diversité taxonomique du peuplement végétal. Le présent travail examine la richesse taxonomique, les indices de diversité et de similarité, l'équitabilité et la composition en taxons dans la réserve de biosphère du Ferlo en zone soudano-sahélienne du Sénégal.

5.1- MATÉRIEL ET MÉTHODES

5.1.1- Relevés de végétation

La carte de zonage de la réserve de biosphère a été la base d'échantillonnage. L'échantillonnage a utilisé la méthode des transects. Au total sept transects d'orientation W-E de longueurs différentes et distant de 4 km ont été choisis (figure 14). Les points de relevés sont repérés sur le terrain à l'aide d'un GPS.

Dans l'ensemble de la RBF, 110 relevés ont été échantillonnés dont 57 relevés dans l'aire centrale, 28 en zone tampon et 25 dans l'aire de transition. L'unité d'échantillonnage est une placette carrée de 30 m x 30m soit une aire de relevée de 900 m^2 (Boudet, 1984) pour l'étude de la végétation sahélo-soudanienne.

Dans chaque relevé, un recensement exhaustif des ligneux a été effectué. Les échantillons botaniques sont identifiés sur le terrain ou en laboratoire à l'aide de la *Flore du Sénégal* (Berhaut, 1967) et de l'ouvrage *Arbres, arbustes et lianes d'Afrique de l'Ouest* (Arbonnier, 2000). Les synonymes ont été actualisés et normalisés sur la base de l'énumération des plantes à fleurs d'Afrique Tropicale (Lebrun & Stork, 1991, 1992, 1995, 1997).

5.1.2.- Traitement de données

Les données collectées à partir des relevés de végétation ont été traitées grâce aux logiciels informatiques Excel et XLStat. Ces logiciels nous ont permis d'étudier la composition et la diversité taxonomique du peuplement ligneux de la réserve de biosphère du Ferlo.

❖ **Composition taxonomique**

La composition du peuplement ligneux a été étudiée en s'intéressant au nombre de catégories recensées d'un même niveau taxonomique (espèces, genres et familles). La richesse spécifique totale (S) qui est l'indicateur le plus souvent utilisé pour étudier la biodiversité est le nombre total d'espèces que comporte le peuplement considéré dans un écosystème donné (Ramade, 2003).

❖ **L'abondance des espèces et des familles**

L'abondance est l'importance numérique relative d'une espèce dans un peuplement. Dans le cadre de cette étude nous avons calculé la probabilité d'occurrence de l'espèce pi. Si dans un peuplement donné, *ni* est le nombre d'individus d'une espèce *i* et *N* le nombre total d'individus que comporte le peuplement on aura la formule suivante (Ramade 2002) :

$$pi = \frac{ni}{N}$$

En ramenant la probabilité d'occurrence en pourcentage nous avons la fréquence d'occurrence.

❖ **Les indices de diversité**

Nous avons calculé pour les 3 zones et à l'échelle de la réserve de biosphère, l'indice de diversité de Shannon (H'), l'équitabilité (E), l'indice de diversité de Gleason (G) et l'indice de diversité de Simpson (D).

L'indice de diversité Shannon Weaver (H'), qui considère à la fois l'abondance et la richesse spécifique, convient bien à l'étude comparative des peuplements parce qu'il est relativement indépendant de la taille de l'échantillon (Ramade, 2003).

L'Indice de Shannon- Weaver, exprimé en bits, est donné par la formule suivante :

$$H' = -\sum_{i=1}^{S} \frac{Ni}{N} \log 2 \frac{Ni}{N}$$

avec Ni = l'effectif de l'espèce i ; N = effectif total des espèces.

Cet indice *H'* est minimal si tous les individus du peuplement appartiennent à une seule et même espèce ; il est maximal quand tous les individus sont répartis d'une façon égale sur toutes les espèces (Frontier, 1983). Dans la nature, quel que soit le groupe taxinomique étudiés, les indices de diversité de Shannon sont compris entre 0 et 4,5 ; rarement davantage (Frontier et Pichod-Viale, 1998 ; Margalef, 1972 cité par Maguran, 1988).

A partir de l'indice de diversité de Shannon, on peut déterminer *l'indice de régularité ou d'équitabilité (E)*. La valeur de l'indice d'équitabilité varie de 0 à 1. Une valeur élevée de cet indice (c'est-à-dire proche de 1), indique que le peuplement est homogène, ou que les individus sont équitablement repartis entre les différentes espèces. Par contre lorsque sa valeur est faible (c'est-à-dire proche de 0), le peuplement est dominé par une ou quelques espèces (Gning, 2008).

Cet indice de régularité est sans unité et est égal au rapport entre la diversité observée, qui correspond à l'indice de Shannon (H') et une distribution de fréquence des espèces complètement égale, c'est-à-dire la valeur de l'équitabilité maximale (H' max) :

$$E = \frac{H'}{H'max}$$

avec H' = indice de Shannon ; H'$_{max}$ = log$_2$S, S étant la richesse spécifique totale.

L'indice de diversité de Simpson :

L'indice de diversité de Simpson représente la probabilité pour que deux individus pris au hasard dans le peuplement étudié appartiennent à la même espèce (Colinvaux, 1986 cité par Tchioumi, 2001). Il mesure la manière avec laquelle les individus se répartissent entre les espèces d'une communauté.

L'indice de diversité de Simpson est donné par la formule suivante :

$$D' = 1 - \Sigma \frac{Ni(Ni-1)}{N(N-1)}$$

Ni : nombre d'individus de l'espèce donnée et N : nombre total d'individus.

La valeur de l'indice varie de 0 à 1 ; le maximum de diversité étant représenté par la valeur 1, et le minimum de diversité par la valeur 0 (Schlaepfer et Bütler, 2004). Il faut noter que cet indice de diversité donne plus de poids aux espèces abondantes qu'aux espèces rares. Le fait d'ajouter des espèces rares à un échantillon, ne modifie pratiquement pas la valeur de l'indice de diversité (Grall et Hily, 2003).

L'indice de diversité de Gleason :

L'indice de diversité de Gleason est fondé sur l'hypothèse d'une croissance logarithmique du nombre S d'espèces recensées, en fonction du nombre N d'individus examinés (Frontier et *al.*, 2008). Il est donné par la formule suivante :

$$G = \frac{S-1}{Log\ N}$$

❖ **L'indice de similarité de Jaccard**

L'indice de similarité de Jaccard est utilisé en statistique pour comparer la similarité entre des échantillons. Elle sert à étudier la similarité entre des objets constitués d'attributs binaires.

L'indice de Jaccard entre deux stations est donné par la formule suivante :

$$Sj = \frac{C}{A + B + C}$$

où *C* est le nombre d'espèces communes aux deux relevés ; *A* le nombre d'espèces propres au premier relevé et *B* le nombre d'espèces propres au second relevé

L'indice de Jaccard est sans unité et toujours compris entre 0 et 1. Il est construit de tel sorte à être nul si les deux relevés n'ont aucune espèce en commun et à atteindre la valeur 1 si toutes les espèces les deux relevés sont identiques (Gosselin et Laroussinie, 2004).

❖ **Les courbes aire-espèces**

Les courbes aire-espèces montrent la croissance du nombre d'espèces recensées S (en ordonnées) en fonction de l'effort d'échantillonnage N qui correspond à la surface prospectée dans le cadre de ce travail.

5.2- RÉSULTATS

5.2.1- La composition taxonomique

La flore est l'énumération de tous les taxons qui entrent dans la constitution du peuplement végétal. La flore ligneuse de la réserve de biosphère du Ferlo est riche de 49 espèces réparties en 32 genres relevant de 17 familles botaniques. (Tableau 10).

D'un point de vue taxonomique, les familles les plus mieux représentées sont :
- les *Mimosaceae* avec une fréquence de 22,45% des espèces. Cette famille est riche de 11 espèces relevant de 3 genres différents.
- les *Combretaceae* avec une fréquence de 14,29 % referment 7 espèces appartenant à 4 genres.
- les *Capparidaceae* avec une fréquence de 12,24% comportent 6 espèces relevant de 4 genres.

Du point de vue des genres, les familles des *Combretaceae* et des *Capparidaceae* (4 genres chacune) sont plus diversifiées que les *Mimosaceae* plus riche en terme d'espèces mais avec moins de genres. Chez les *Mimosaceae*, le genre *Acacia* renferme 82% des individus inventoriés.

Ces trois familles (*Mimosaceae*, *Combretaceae* et *Capparidaceae*) renferment environ 50% des espèces répertoriées dans l'ensemble de la réserve de biosphère du Ferlo.

Tableau 10: Liste des différents taxons et leur importance relative

Espèces	Zones RBF			Genre	Famille	Fréquence des familles en %
	AC	ZT	AT			
Acacia ataxacanta	X	X	X	Acacia	Mimosaceae	22,45
Acacia ehrenbergiana	X					
Acacia laeta		X	X			
Acacia macrostachia	X	X	X			
Acacia nilotica	X	X				
Acacia pennata		X	X			
Acacia raddiana			X			
Acacia senegal	X	X	X			

Espèce	AC	ZT	AT	Genre	Famille	%
Acacia seyal	X		X			
Dichrostachys cinerea		X	X	Dichrostachys		
Entada africana		X		Entada		
Combretum aculeatum			X			
Combretum glutinosum	X	X	X	Combretum	Combretaceae	14,29
Combretum micranthum	X	X	X			
Combretum nigricans	X					
Anogeissus leiocarpus	X		X	Anogeissus		
Guiera senegalensis	X	X	X	Guiera		
Terminalia avicennoides		X	X	Terminalia		
Boscia angustifolia	X	X	X			
Boscia senegalensis	X	X	X	Boscia		
Cadaba farinosa			X	Cadaba	Capparidaceae	12,24
Crataeva adansoni			X	Crataeva		
Maerua angolensis		X				
Maerua crassifolia	X			Maerua		
Pterocarpus erinaceus	X	X	X	Pterocarpus		
Pterocarpus lucens	X	X	X		Caesalpiniaceae	8,16
Piliostigma reticulatum	X			Piliostigma		
Dalbergia melanoxylon	X		X	Dalbergia		
Mitragyna inermis	X			Mitragyna		
Feretia opodanthera	X	X	X	Feretia	Rubiaceae	8,16
Gardenia erubescens	X			Gardenia		
Gardenia ternifolia			X			
Adansonia digitata	X	X	X	Adansonia	Bombacaceae	4,08
Bombax costatum	X			Bombax		
Grewia bicolor	X	X	X	Grewia	Tiliaceae	4,08
Grewia flavescens	X					
Sclerocarya birrea	X		X	Sclerocarya	Anacardiaceae	4,08
Lannea acida	X	X	X	Lannea		
Calotropis procera	X		X	Calotropis	Asclepiadaceae	4,08
Leptadaena hastata	X	X	X	Leptadaena		
Ziziphus mauritiana	X			Ziziphus	Rhamnaceae	
Ziziphus mucronata		X				
Maytenus senegalensis	X		X	Maytenus	Celastraceae	2,04
Asparagus pauli-gulielmi			X	Asparagus	Liliaceae	2,04
Balanites aegyptiaca	X	X	X	Balanites	Balanitaceae	2,04
Commiphora africana	X	X	X	Commiphora	Burseraceae	2,04
Sterculia setigera	X	X	X	Sterculia	Sterculiaceae	2,04
Strychnos spinosa		X		Strychnos	Loganiaceae	2,04
Adenium obesum	X	X	X	Adenium	Apocynaceae	2,04
49	35	28	35	32	17	100

AC= Aire Centrale   ZT= Zone Tampon   AT= Aire de Transition

5.2.2- L'abondance des espèces ligneuses et des familles
5.2.2.1- L'abondance spécifique

La représentation graphique de la distribution d'abondance relative des espèces (figure 21) montre qu'au delà des similarités des listes floristiques, liées uniquement à la présence ou à l'absence des espèces, les zones de la RBF présentent des différences notables d'effectifs des ligneux rencontrés.

Dans l'aire centrale *Guiera senegalensis* est l'espèce la plus abondante (40%), suivie de *Pterocarpus lucens* (16%), *Boscia senegalensis* (13%) et *Combretum glutinosum* (10%). Ces quatre espèces représentent 80% des effectifs de l'unité. En zone tampon, *Guiera senegalensis* (21,8%), *Balanites aegyptiaca* (13,4%), *Boscia senegalensis* (12,8%) et *Combretum glutinosum* (11,4%) sont les quatre espèces les plus abondantes avec une fréquence d'occurrence totale de 60%. Dans l'aire de transition l'ordre d'abondance des espèces a changé par rapport aux deux autres zones. En effet *Combretum glutinosum* qui était quatrième de par son abondance dans l'aire centrale et la zone tampon devient l'espèce la plus abondante dans l'aire de transition avec une fréquence d'occurrence de 32,7%. Elle est suivie de *Guiera senegalensis* (13,8%), *Boscia senegalensis* (11,8%) et *Balanites aegyptiaca* (7,9%).

Globalement, dans la réserve les quatre espèces les plus abondantes sont les mêmes que dans l'aire centrale avec une différence de rang. Il s'agit de *Guiera senegalensis* (29,5%), *Combretum glutinosum* (15,9%), *Pterocarpus lucens* (11,6%) et *Boscia senegalensis* (10,5%). Ces quatre espèces représentent 68% de l'ensemble des effectifs de la réserve de biosphère.

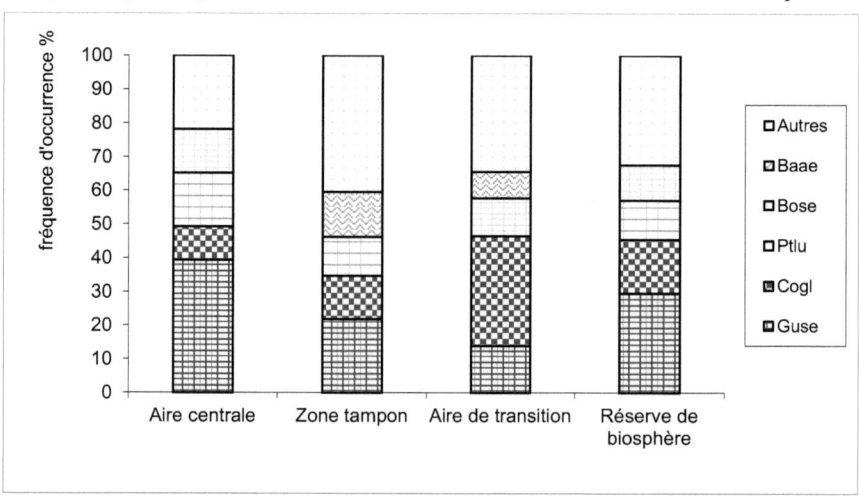

Figure 21: spectre d'abondance des espèces ligneuses dans la RBF

5.2.3.2- L'abondance des familles

Dans l'ensemble de la réserve de biosphère, la famille des *Combretaceae* est la mieux représentée avec prés de la moitié des effectifs (49,7%). Elle est suivie de la famille des *Caesalpiniaceae* (12,7%), des *Capparidaceae* (11,1%) et des *Mimosaceae* (7,3%). Cette répartition des individus dans les différentes familles est variable d'une zone à l'autre (figure 22).

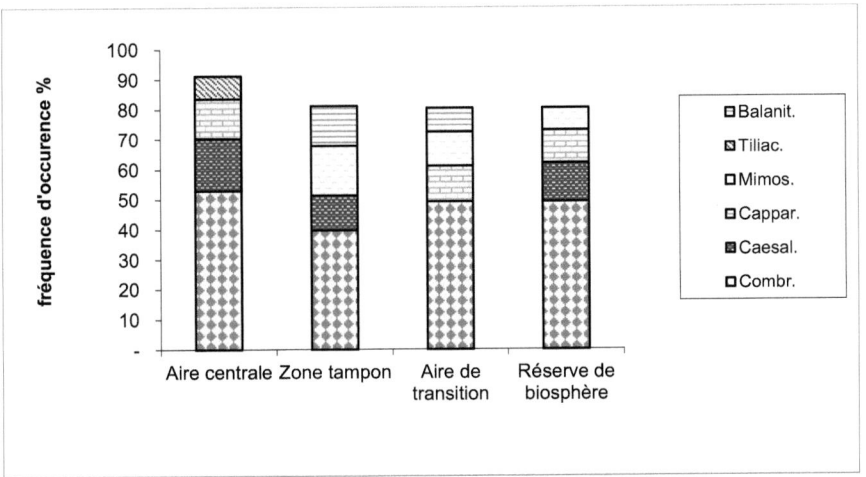

Figure 22: spectre d'abondance des familles dans la RBF

Dans l'aire centrale les *Combretaceae* (53%), les *Caesalpiniaceae* (17,7%), les *Capparidaceae* (13,3%) et les *Tiliaceae* (7,8%) sont les familles les plus abondantes. Ces quatre familles renferment plus de 90% des individus répertoriés. En zone tampon l'ordre de dominance des familles a varié car bien que les *Combretaceae* demeurent la famille dominante (39,7%), les *Capparidaceae* et les *Tiliaceae* ont laissé la place à la famille des *Mimosaceae* (16,4%) et celle des *Balanitaceae* (13,4%). Dans l'aire de transition les *Capparidaceae* réapparaissent (12%), derrière les *Combretaceae* (49,1%) qui constituent la famille dominante dans les différentes zones de la réserve de biosphère.

5.2.3- Les indices de diversité

Pour appréhender l'évolution de la diversité entre les différentes zones de la RBF, nous avons procédé au calcul des indices de diversité les plus utilisés en Ecologie (tableau 11). L'analyse des résultats montre que l'indice de diversité de Shannon est assez élevé dans la réserve de biosphère avec une valeur de 3,45 bits. Il varie très peu dans les différentes zones avec 2,92 dans l'aire centrale à 3,55 en zone tampon et 3,49 dans l'aire de transition. Les autres indices de diversité calculés notamment l'indice de diversité de Gleason et l'indice de Simpson suivent la même évolution avec des valeurs plus élevées en Zone tampon et dans l'aire de transition et plus faibles dans l'aire centrale. L'indice d'Equitabilité varie également dans le même sens c'est-à-dire avec une valeur plus élevé en zone tampon (0,74) que dans les autres zones. Les divers indices calculés dans les différentes zones de la RB corrèlent fortement entre eux.

Tableau 11: Variation des indices de diversité dans les différentes zones de la RBF

	Aire centrale	Zone tampon	Aire de transition	**RB**
Indice de diversité de Shannon (H')	2,92	3,55	3,49	**3,45**
Indice d'Equitabilité (E)	0,57	0,74	0,68	**0,61**
Indice de diversité de Gleason (G)	3,1	3,53	3,48	**4,05**
Indice de diversité de Simpson (D)	0,79	0,89	0,85	**0,85**

5.2.4- Biais des indices associés aux méthodes d'inventaire : courbes aire-espèces

Les indices de diversité et d'équitabilité peuvent être influencés par un biais qui relève souvent de la méthode d'inventaire. Ce biais provient souvent de l'effet surface car plus la surface inventoriée est grande, et plus on aura de chances de rencontrer un grand nombre d'espèces. La surface échantillonnée n'étant pas la même dans les différentes zones de la réserve de biosphère, nous avons essayé de corriger le biais « surface » en utilisant les courbes aire-espèces (figure 23).

Les allures des 3 courbes varient peu et croissent assez rapidement sous forme de paliers. La courbe de l'aire centrale montre que cette zone qui présentait une richesse spécifique totale (35 espèces) supérieure à celle de la zone tampon (28 espèces) voit sa richesse spécifique se stabiliser au même niveau que la zone tampon si on considère la même surface échantillonnée. La courbe l'aire centrale évolue plus rapidement que les deux autres jusqu'à un certain niveau (N=18) avant de montrer un palier final. En effet, le nombre d'espèces semble plafonner, mais ceci n'est qu'un leurre car le nombre ne cesse d'augmenter à mesure que l'échantillonnage se poursuit dans les trois zones.

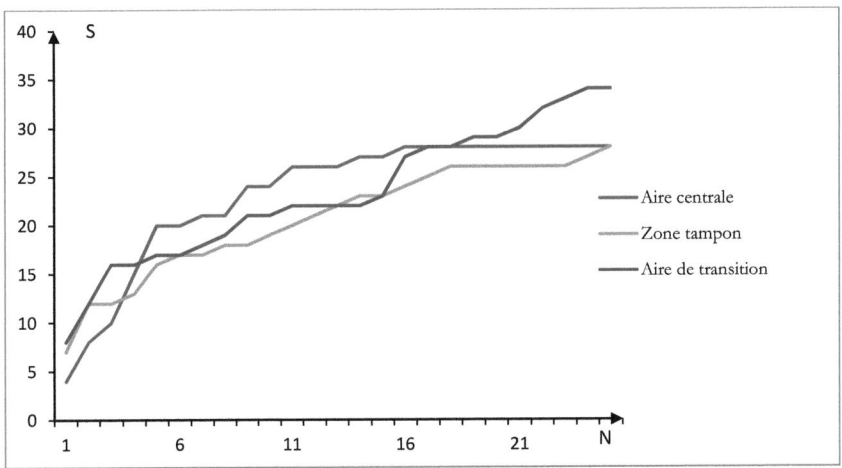

Figure 23: Evolution du nombre d'espèces inventoriées S en fonction de l'effort d'échantillonnage N

5.2.5- Variation de composition entre zones de la RB

Sur la base de relevés de végétation en présence-absence (données binaires codés 1-0) les indices de similarités de Jaccard ont été calculés et consignés dans le tableau 12. Ce tableau montre que les compositions floristiques des différentes zones de la RBF présentent des similitudes moyennes. La matrice nous indique que selon l'indice de Jaccard, la similarité entre la zone tampon et l'aire de transition est la plus élevée (58%). Elle est de 56% entre l'aire centrale et l'aire de transition et est plus faible entre l'aire centrale et la zone tampon (47%).

Tableau 12: Matrice de similarité (Indice de Jaccard) entre les différentes zones de la RBF

	Aire centrale	Zone tampon	Aire de transition
Aire centrale	1	0,47	0,56
Zone tampon	0,47	1	0,58
Aire de transition	0,56	0,58	1

Les différentes zones prises deux à deux présentent toutes des compositions floristiques différentes à plus de 40%. En effet il a été noté l'existence de beaucoup d'espèces exclusives qui ne se rencontrent uniquement que dans l'une ou l'autre des 3 zones constitutives de la RBF. C'est le cas de *Acacia pennata, Piliostigma reticulatum, Bombax costatum, Combretum nigricans, Gardenia erubescens, Grewia flavescens, Maerua crassifolia, Mitragyna inermis* et *Ziziphus mauritiana* (Aire centrale), de *Entada africana, Maerua angolensis, Strychnos spinosa* et *Ziziphus mucronata* (Zone tampon) et de *Acacia raddiana, Asparagus pauli-gulielmi, Cadaba farinosa, Combretum aculeatum, Commiphora africana* et *Gardenia ternifolia* (Aire de transition). Outre ces espèces exclusives, on dénombre également 11 autres espèces qui ne sont présentent que dans deux des trois zones de la RBF.

5.3- DISCUSSION ET CONCLUSION

L'objectif de l'étude est de comparer la diversité taxonomique dans les trois zones constitutives d'une réserve de biosphère. Nous avons alors examiné la richesse taxonomique, les indices de diversité, l'équitabilité et la composition en taxons.

La richesse spécifique totale (S) de la réserve de biosphère du Ferlo est de 49 espèces réparties en 32 genres relevant de 17 familles botaniques. Ces résultats corroborent ceux obtenus par Ngom (2008) qui avait répertorié 51 espèces dans cette partie du Ferlo, mais sont plus élevés que ceux obtenus par d'autres auteurs dans la zone sylvopastorale du Ferlo (Ndiaye, 2008 ; Diouf, 2011).

Cette richesse spécifique faible (49 espèces pour 110 relevés de végétation) confère au peuplement ligneux une monotonie apparente alors qu'on note une certaine diversité des groupements végétaux. D'une manière générale, la variation des communautés végétales parait liée plus à l'anthropisation (surpâturage, feux de brousse, coupe des arbres, défrichement…) qu'aux conditions pédoclimatiques (Ngom, 2008).

Cependant, la mesure de la richesse spécifique ne permet souvent pas de différencier les peuplements qui comportent un même nombre d'espèces mais avec des fréquences relatives très différentes (Barbault, 2000). La zone de transition et l'aire centrale ont la même richesse spécifique totale (35 espèces), mais avec des fréquences et abondances différentes. D'où l'intérêt d'examiner d'autres indicateurs car la richesse spécifique n'est qu'un des nombreux descripteurs de la diversité.

L'étude du spectre d'abondance des espèces constituant le peuplement végétal de la réserve de biosphère présente une grande importance car elle a permis de mieux décrire la diversité que le seul recours à d'autres indicateurs quel que soit leur degré d'élaboration (Ramade, 2003). L'examen du spectre d'abondance des espèces montre que les quatre espèces les plus abondantes sont *Guiera senegalensis* (29,5%), *Combretum glutinosum* (15,9%), *Pterocarpus lucens* (11,6%) et *Boscia senegalensis* (10,5%). Ces quatre espèces représentent 68% de l'ensemble des effectifs de RBF et sont également les quatre espèces les plus fréquentes. Ainsi, il y a une très forte corrélation entre la fréquence centésimale et l'abondance des espèces. En termes d'abondance des familles, la famille des *Combretaceae* est la mieux représentée avec près de la moitié des effectifs (49,7%). Elle est suivie de la famille des *Caesalpiniaceae* (12,7%), des *Capparidaceae* (11,1%) et des *Mimosaceae* (7,3%). Cette répartition des individus dans les différentes familles confirme la prédominance des espèces appartenant à la famille des *Combretaceae* et plus particulièrement *Guiera senegalensis* et *Combretum glutinosum*.

Les indices de diversité de Shannon, Gleason et Simpson sont assez élevés dans les différentes zones de la RBF et évoluent dans le même sens. Ces trois indices corrèlent fortement entre eux (Nentwig, 2009) et sont plus élevées respectivement en zone tampon, dans l'aire de transition et enfin dans l'aire centrale. Ceci reflète une plus grande diversité dans la zone tampon et l'aire de transition que dans l'aire centrale. Ces indices de diversité élevés confirment également l'importance des potentialités écologiques de la zone étudiée (Gning, 2008). En effet, selon Devineau & *al*. (1984) cité par Gning, 2008, l'enrichissement d'un milieu en espèces dépend de sa disponibilité en site d'accueil et du potentiel floristique environnant, c'est-à-dire du nombre d'espèces constituant sa flore et capables de s'y installer.

L'équitabilité suit également la même évolution que les indices de diversité, ce qui signifie que le niveau d'organisation du peuplement ligneux de la zone tampon serait plus élevé comparé à l'aire de transition et à l'aire centrale. Cependant, la quantification de la biodiversité ne peut se réduire à l'approche simple des indices de diversité. En effet, une faible variation de la richesse spécifique ou de tout indice de diversité entre relevés, peut cacher une grande différence dans l'identité des espèces présentes dans les relevés, ou une grande différence dans l'identité des espèces dominantes (Gosselin & Laroussinie, 2004 ; Ramade, 2003).

Les courbes aire-espèces des différentes zones de la RBF montrent bien que la valeur d'une mesure de richesse spécifique n'a de sens que rapportée à l'étendue du relevé (Gosselin et Laroussinie, 2004), car le nombre d'espèces ne cesse d'augmenter à mesure que l'échantillonnage se poursuit (Frontier & al 2008). Dans l'aire centrale et dans l'aire de transition on a le même nombre d'espèce pour une surface échantillonnée deux fois inférieure dans l'aire de transition. La richesse en espèces d'un écosystème est corrélée à la surface occupée par cet écosystème car plus la surface augmente, plus il y a diversité des habitats et donc plus d'espèces peuvent s'installer (Lévêque, 2008). Ainsi, la fiabilité de la richesse spécifique dépend de l'exhaustivité de l'inventaire. Or les relevés ne sont jamais exhaustifs car il y a un problème de détectabilité des espèces (Gosselin & Laroussinie, 2004). En effet, l'extrême complexité des écosystèmes forestiers implique qu'il n'est pas envisageable d'entreprendre un inventaire exhaustif des taxons les constituant (Deconchat & Balent, 2004).

L'analyse de la matrice de similarité (indice de Jaccard) montre que la zone tampon et l'aire transition sont les deux zones les plus proches en termes de composition spécifique. Cela pourrait s'expliquer par la différence dans les modes d'utilisation des terres dans les différentes zones de la réserve. En effet la zone tampon et l'aire de transition abritent des établissements humains et font l'objet de multiples usages alors que l'aire centrale est une zone de conservation.

Globalement, l'étude de la richesse taxonomique, les indices de diversité et de similarité, l'équitabilité et la composition en taxons dans la RBF a révélé que, la zone tampon et l'aire de transition qui font l'objet de multiples usages et qui subissent l'action de l'homme, présentent une diversité plus grande que l'aire centrale qui est une zone de conservation intégrale. Cet état de fait, apparemment paradoxal, pourrait s'expliquer par la théorie de la perturbation moyenne de Connell (1978) et Huston (1979) selon qui un niveau intermédiaire de perturbation entretient un niveau maximal de diversité. Ainsi, il faut transformer la manière de concevoir les activités humaines, notamment l'élevage dans les aires protégées au sahel. Contrairement aux paradigmes du passé qui accusaient les éleveurs de causer la dégradation des terres par surpâturage et surcharge, les recherches récentes en écologie des parcours ont montré que les pratiques de gestion des terres pastorales ne sont pas coupables de la dégradation des terres (Behnke & Scoones, 1992 ; Behnke, 1995 ; Niamir, 1996 ; Pratt & al., 1997). Le pâturage stimule la germination des graines de ligneux et l'établissement des jeunes plantes. Les herbivores disséminent les graines et les gousses de nombreuses espèces de légumineuses ligneuses. Ces plantes se servent des herbivores et des oiseaux comme véhicules primaires ou secondaires de dissémination de leurs graines (Tybirk 1991). L'espace pastoral sahélien est très résilient, capable de régénération rapide pendant l'hivernage en dépit d'être piétiné ou pâturé à ras.

Partie 3 :
QUANTIFICATION DES SERVICES ÉCOSYSTÈMIQUES

Chapitre 6 :
PRODUCTION ET QUALITÉ PASTORALE DES HERBAGES DE LA RÉSERVE DE BIOSPHÈRE DU FERLO (NORD-SENEGAL)

RESUME

La strate herbacée des phytocénoses sahéliennes joue un rôle de grande importance dans l'alimentation du bétail. Ainsi, la connaissance de la production de fourrage « qualifié » permet de mieux suivre le fonctionnement des groupements herbacés.

Cette étude évalue la production et apprécie la qualité pastorale des herbages de la réserve de biosphère du Ferlo. Un inventaire floristique de la végétation herbacée a été effectué sur 201 placettes en zone tampon et en zone de transition de la RBF. Le cortège floristique, le recouvrement et la contribution spécifique de la strate herbacée ont été établis. La production de phytomasse herbacée au maximum de la végétation par la récolte intégrale est estimée à 3,3 tonnes de MS/ha. L'indice global de qualité (IGQ) des parcours de la réserve de biosphère est de 56,4%. Huit espèces (*Schoenefeldia gracilis* Kunth., *Eragrostis tremula* Hochst., *Pennisetum pedicellatum* Trin., *Andropogon gayanus* Kunth., *Zornia glochidiata* Reichb. Ex DC., *Andropogon pseudapricus* Stapf., *Schizychirium exile* Stapf. et *Cassia mimosoides* L.) déterminent à 91% la valeur pastorale des herbages. La production de fourrage « qualifié » est estimée à 1,86 tonne de MS/ha et la capacité de charge à 0,41 UBT/ha/an.

Mots clés : fourrage herbager - valeur pastorale - capacité de charge

INTRODUCTION

Les réserves de biosphère renferment des écosystèmes aménagés pour la conservation de la biodiversité et une utilisation rationnelle. Elles comportent différentes parties : une aire centrale, une zone tampon et une aire de transition flexible.

La zone tampon et l'aire de transition de la RBF abrite l'essentiel des populations pastorales et des pâturages. Dans ces zones, les ressources herbacées constituent la principale source de fourrage pour les animaux surtout en saison pluvieuse. La connaissance du bilan fourrager global (Production potentielle de phytomasse, valeur pastorale, Production de fourrage « qualifié » et capacité de charge) constitue un pilier fondamental du suivi et de l'évaluation des pâturages des écosystèmes sahéliens. En effet, la méconnaissance du ratio entre les besoins en fourrage et les potentialités écologiques des parcours, constitue le principal problème qui entrave la gestion durable des ressources sylvopastorales.

Aussi, les connaissances fondamentales sur le fonctionnement des écosystèmes naturels ou artificiels, passent nécessairement par l'évaluation de la biomasse totale des différents constituants de ces écosystèmes (Auclair et Métayer, 1980).

La présente étude se propose de caractériser les ressources herbagères de la RBF. Il s'agira d'établir le cortège floristique et d'évaluer la valeur pastorale nette des herbages, la production de fourrage « qualifié » et la capacité de charge.

6.1- METHODE D'ETUDE

6.1-1. Inventaire de la flore herbagère

La méthodologie d'interprétation floristique est basée sur le relevé botanique c'est-à-dire l'inventaire des espèces végétales identifiées à vue. La méthode s'appuie sur la technique du relevé phytosociologique de Braun-blanquet qui consiste à dresser la liste des plantes présentes dans un échantillon représentatif et homogène du tapis herbacé. Dans notre cas la taille de l'échantillon est de 32 m² qui est l'aire minimale défini par Levang & Grouzis (1980) en milieu sahélien. 201 placettes ont été échantillonnées dont 84 en zone tampon et 117 en zone de transition. Dans chaque placette la flore est listée et le recouvrement spécifique est estimé. Les échantillons botaniques sont identifiés sur le terrain ou au laboratoire à l'aide de la flore du Sénégal (Berhaut, 1967). Les dénominations ont été actualisées sur la base de l'Enumération des plantes à fleurs d'Afrique tropicale de Lebrun et Stork (1991, 1992).

6.1.2- Evaluation de la production herbagère

La méthode utilisée est celle de la récolte intégrale (Levang & Grouzis, 1980). Elle consiste à récolter toute la matière végétale (coupe à ras du sol) à l'aide d'une cisaille. Les carrés de prélèvement avec 0,5 m de côté ont une surface de 0,25 m².

La matière fraîche est pesée sur le terrain à l'aide d'un peson à ressort. La teneur en matière sèche est déterminée sur 50 échantillons après passage à l'étuve à 85° C jusqu'à l'obtention du poids constant.

Pour calculer la biomasse en matière sèche nous avons utilisé la formule de la teneur en matière sèche. $TMS = \frac{PS}{PF} \times 100$

PF= poids frais PS= poids sec ; TMS= Teneur en matière sèche

6.1.3- Paramètres de la qualité pastorale

L'indice de qualité des espèces herbacées prend en compte la période d'appétibilité de la plante, le degré d'appétibilité lié à l'anatomie et à la morphologie des feuilles et des tiges et la valeur

fourragère. Dans les écosystèmes sahéliens, l'indice de qualité est établi sur une échelle de cotation de 0 à 3 (Barral & *al.*, 1983 ; Akpo & Grouzis, 2000 ; Akpo & *al.*, 2002), c'est-à-dire sur une échelle de quatre classes (0, 1, 2 et 3) de la manière suivante :
- bonne valeur pastorale (Bvp), les espèces dont l'indice spécifique est égal à 3 ;
- moyenne valeur pastorale (Mvp), les espèces dont l'indice spécifique est égal à 2 ;
- faible valeur pastorale (Fvp), les espèces dont l'indice spécifique est égal à 1 ;
- sans valeur pastorale (Svp), les espèces dont l'indice spécifique est égal à 0.

6.1.4- Traitement des données

La valeur relative est calculée en multipliant les contributions spécifiques (Csi) des espèces par les indices de qualité correspondants (Isi). $Vr = Csi \times Isi$

Les valeurs relatives sont additionnées et multipliées par le Coefficient 1/3 pour obtenir la valeur pastorale brute (Vpb). La valeur pastorale brute est comprise entre 0 et 100 % et est appliquée à la phytomasse herbacée produite pour qualifier le fourrage produit (Boudet, 1983).

$Vpb = 1/3 \times \sum Csi \times Isi$ avec $Csi = \frac{Fsi}{\sum Fsi} \times 100$

Csi= contribution spécifique ; Isi= Indice spécifique de qualité ; Fsi : fréquence spécifique

Pour s'affranchir du problème de surestimation, la valeur pastorale est pondérée par le recouvrement global de la végétation herbacée pour obtenir la valeur pastorale nette ou Indice global de qualité (Aidoud, 1983 ; Daget et Poissonnet, 1990 ; Akpo et Grouzis, 2000). Ainsi la valeur pastorale nette ou Indice global de qualité (IGQ) est égale à :

$$Vpn = IGQ = RGV \times 1/3 \times \sum Csi \times Isi$$

Vpn = valeur pastorale nette ; RGV = recouvrement global de la végétation ; IGQ = Indice global de qualité

L'IGQ est appliquée à la phytomasse herbacée produite pour obtenir la production de fourrage « qualifié ». $Pfq = Ph \times IGQ$

Pfq= Production de fourrage « qualifié »
Ph= phytomasse herbacée
IGQ= Indice global de qualité

La connaissance de la production de fourrage « qualifié » permet de calculer la capacité de charge (CC) d'un pâturage qui est le nombre d'Unités de Bétail Tropical (UBT) qu'on peut y faire vivre de manière durable (Baumer, 1997). Pour son évaluation, on part généralement de l'hypothèse que le bétail a besoin d'absorber chaque jour la matière sèche correspondant à 2,5% de son poids vif. Ainsi, pour une UBT de 250 kg, ce sont 6,25 kg de matière sèche par jour qui sont nécessaires.

Dans le calcul de la capacité de charge, on suppose que la biomasse potentielle est consommable au 1/3 au cours de l'année pour maintenir l'équilibre de l'écosystème pâturé. Cette proportion tient compte de la chute de productivité due au broutage pendant la croissance des espèces annuelles, des pertes par piétinement et de la nécessité d'un certain refus indispensable pour la protection du sol contre l'érosion éolienne et pluviale (Boudet, 1983).

6.2- RESULTATS
6.2.1- Composition herbagère

La flore herbagère est l'énumération de tous les taxons qui entrent dans la constitution du tapis végétal herbacé. Dans la RBF, la flore est riche de 120 espèces (Tableau 13), réparties en 69 genres, relevant de 23 familles botaniques d'importance variable.

L'examen des fréquences centésimales des différentes espèces herbacées (figure 24) a révélé que *Zornia glochidiata* est l'espèce la plus fréquente (90%). Elle est suivie de *Cassia obtusifolia* (74%), *Schoenefeldia gracilis* (73%) et *Pennisetum pedicellatum* (72%).

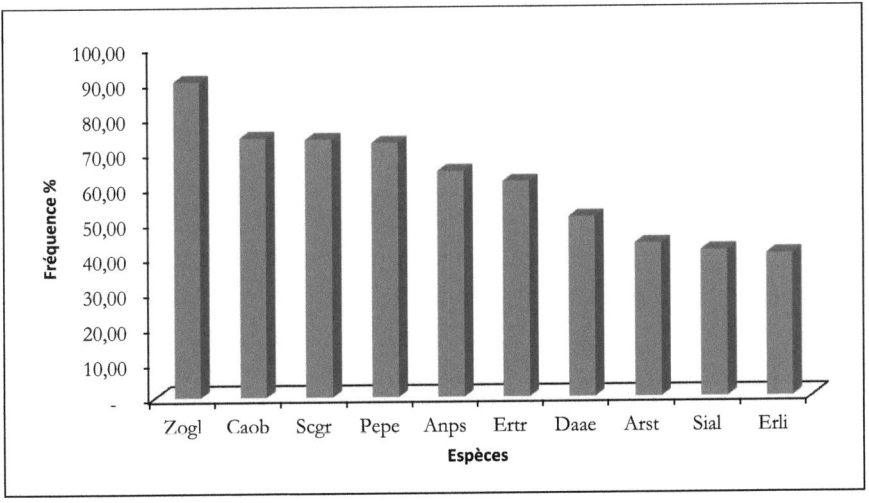

Figure 24: Les dix espèces les plus fréquentes dans la RBF

(Zogl : *Zornia glochidiata*, Caob : *Cassia Obtusifolia*, Scgr : *Schoenfeldia gracilis*, Pepe : *Pennisetum pedicellatum*, Anps : *Andropogon pseudapricus*, Ertr : *Eragrostis tremula*, Daae : *Dactyloctenium aegyptium*, Arst : *Aristida stipoides*, Sial : *Sida alba*, Erli : *Eragrostis lingulata*)

Les genres les mieux représentés sont : *Eragrostis* (8 espèces), *Indigofera* (6 espèces) et *Ipomea* (6 espèces). Les espèces qui contribuent le plus au recouvrement herbacé sont *Zornia glochidiata*, *Andropogon pseudapricus* et *Schoenfeldia gracilis*.

L'importance relative des familles est présentée dans la figure 25. L'examen de l'histogramme a montré que la famille des *Poaceae* est la plus représentée avec une fréquence de 29,2%. Les *Fabaceae* (14,2%) et les *Convolvulaceae* (9,2%) sont également très présentes. Ces trois familles regroupent plus de 50 % de l'ensemble des espèces inventoriées.

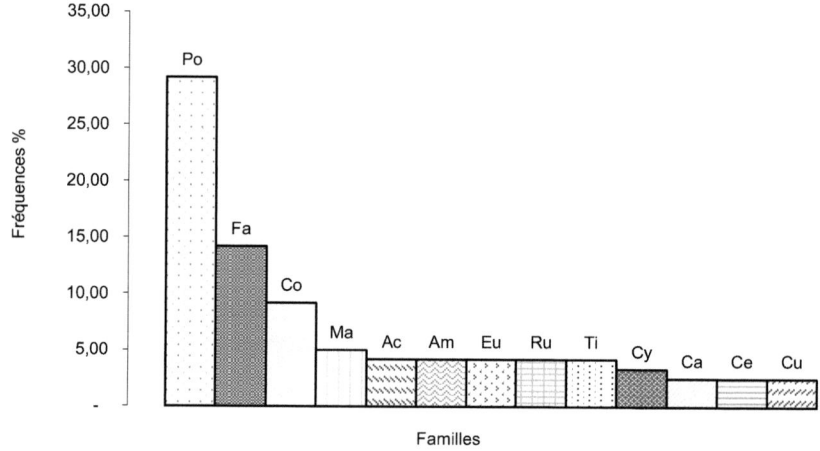

Figure 25: Spectre des fréquences des familles les plus représentées

(Po : *Poaceae*, Fa : *Fabaceae*, Co : *Convolvulaceae* Ma : *Malvaceae*, Ac : *Acanthaceae* Am : *Amaranthaceae*, Eu : *Euphorbiaceae*, Ru : *Rubiaceae*, Ti :*Tiliaceae*, Cy : *Cyperaceae*, Ca : *Caryophyllaceae*, Ce : *Caesalpiniaceae*, Cu : *Cucurbitaceae*)

Le recouvrement global du sol par le tapis herbacé est de 84%. Le recouvrement spécifique est généralement faible. Seules trois espèces présentent un recouvrement moyen supérieur à 10% ; il s'agit de *Zornia glochidiata* (23,3%), *Andropogon pseudapricus* (12,8%), *Schoenfeldia gracilis* (10,7%). Ces espèces présentent également les contributions spécifiques les plus élevées.

Tableau 13: Cortège floristique de la strate herbacée. Csi= Contribution spécifique ; Isi= Indice spécifique de qualité ; Vr= Valeurs relatives

Espèces	Famille	Recouvrement	Csi%	Isi	Vr=CsixIsi
Zornia glochidiata	Fabaceae	23,36	22,25	2	44,49
Andropogon pseudapricus	Poaceae	12,86	12,25	2	24,50
Schoenefeldia gracilis	Poaceae	10,73	10,22	3	30,66
Cassia obtusifolia	Caesalpiniaceae	9,65	9,19	1	9,19
Pennisetum pedicellatum	Poaceae	8,14	7,75	3	23,26
Eragrostis tremula	Poaceae	6,57	6,25	3	18,76
Andropogon gayanus	Poaceae	3,13	2,98	3	8,93
Microchloa indica	Poaceae	2,39	2,27	1	2,27
Spermacoce chaetocephala	Rubiaceae	2,23	2,12	1	2,12
Aristida stipoides	Poaceae	2,14	2,03	2	4,07
Dactyloctenium aegyptium	Poaceae	1,86	1,77	2	3,54
Mitracarpus villosus	Rubiaceae	1,73	1,64	0	0
Eragrostis lingulata	Poaceae	1,62	1,54	3	4,63
Chloris pilosa	Poaceae	1,54	1,47	3	4,40
Enteropogon prieurii	Poaceae	1,41	1,34	3	4,03
Cassia mimosoides	Caesalpiniaceae	1,15	1,10	0	0
Walteria indica	Sterculiaceae	0,96	0,91	0	0
Sida alba	Malvaceae	0,93	0,89	0	0
Panicum afzelli	Poaceae	0,93	0,88	3	2,65
Hyptis suaveolens	Labiaceae	0,86	0,82	0	0
Loudetia togoensis	Poaceae	0,80	0,76	1	0,76
Schizachyrium exile	Poaceae	0,74	0,71	1	0,71
Triumfetta pentandra	Tiliaceae	0,68	0,64	0	0
Alysicarpus ovalifolius	Fabaceae	0,60	0,57	2	1,14
Pandiaka angustifolia	Amaranthaceae	0,51	0,48	0	0
Spermacoce stachidea	Rubiaceae	0,50	0,48	1	0,48
Achyrantes aspera	Amaranthaceae	0,47	0,45	1	0,45
Eragrotis ciliaris ciliaris	Poaceae	0,46	0,44	3	1,31
Panicum pansum	Poaceae	0,41	0,39	3	1,18
Brachiaria lata	Poaceae	0,40	0,38	3	1,14
Corchorus tridens	Tiliaceae	0,33	0,32	1	0,32
Digitaria horizontalis	Poaceae	0,33	0,32	2	0,63
Ludwigia erecta	Onagraceae	0,27	0,26	0	0
Cassia occidentalis	Caesalpiniaceae	0,20	0,19	0	0
Merremia pinnata	Convolvulaceae	0,20	0,19	2	0,38
Ipomea cocinosperma	Convolvulaceae	0,19	0,18	2	0,37
Eragrostis pilosa	Poaceae	0,19	0,18	3	0,53
Limeum diffusum	Aizoaceae	0,19	0,18	1	0,18
Polycarpea linearifolia	Caryophyllaceae	0,19	0,18	0	0
Cenchrus bifloris	Poaceae	0,18	0,17	3	0,50
Blepharis maderaspatensis	Acanthaceae	0,17	0,16	0	0
Ipomea sp	Convolvulaceae	0,15	0,14	2	0,29
Panicum brevifolium	Poaceae	0,14	0,13	3	0,39
Tephrosia gracilipes	Fabaceae	0,14	0,13	2	0,26

Andropogon tectorum	Poaceae	0,12	0,12	2	0,23
Ipomea eriocarpa	Convolvulaceae	0,12	0,12	2	0,23
Frimbristylis exilis	Cyperaceae	0,11	0,11	1	0,11
Ctenium elegans	Poaceae	0,11	0,10	1	0,10
Indigofera aspera	Fabaceae	0,10	0,10	2	0,19
Digitaria ciliaris	Poaceae	0,10	0,09	2	0,18
Tephrosia pedicellata	Fabaceae	0,09	0,09	2	0,17
Asparagus flagellaris	Liliaceae	0,09	0,08	1	0,08
Corchorus aestuans	Tiliaceae	0,09	0,08	1	0,08
Kohautia senegalensis	Rubiaceae	0,09	0,08	1	0,08
Ceratotheca sesamoides	Pedaliaceae	0,07	0,07	0	0
Eragrostis gangetica	Poaceae	0,07	0,07	3	0,20
Paspalum scrobiculatum	Poaceae	0,07	0,07	2	0,13
Polycarpea tenuifolia	Caryophyllaceae	0,07	0,06	0	0
Evolvulus alsinoides	Convolvulaceae	0,06	0,06	0	0
Lepidagathis sericea	Acanthaceae	0,06	0,06	0	0
Spermacoce sp	Rubiaceae	0,06	0,05	1	0,05
Echinochloa colona	Poaceae	0,05	0,05	3	0,14
Alternanthera nodiflora	Amaranthaceae	0,05	0,04	0	0
Cyperus iria	Cyperaceae	0,04	0,04	1	0,04
Indigofera pilosa	Fabaceae	0,04	0,04	2	0,08
Setaria pumula	Poaceae	0,04	0,04	3	0,12
Tephrosia platycarpa	Fabaceae	0,04	0,03	2	0,07
Bacopa floribunda	Scrophulariaceae	0,03	0,03	0	0
Aechelechloa granularis	Poaceae	0,03	0,02	3	0,07
Commelina forskalei	Commelinaceae	0,03	0,02	2	0,05
Hibiscus asper	Malvaceae	0,03	0,02	1	0,02
Melochia chorchorifolia	Sterculiaceae	0,03	0,02	0	0
Peristrophe bicalyculata	Acanthaceae	0,03	0,02	1	0,02
Sida urens	Malvaceae	0,03	0,02	0	0
Tephrosia bracteolata	Fabaceae	0,03	0,02	1	0,02
Corchorus olitorius	Tiliaceae	0,02	0,02	1	0,02
Eragrostis cilianensis	Poaceae	0,02	0,02	3	0,06
Phyllanthus amarus	Euphorbiaceae	0,02	0,02	0	0
Sida cordifolia	Malvaceae	0,02	0,02	0	0
Aeschynomene indica	Fabaceae	0,02	0,01	2	0,03
Cucumis melo agrestis	Cucurbitaceae	0,02	0,01	1	0,01
Cyperus esculentus	Cyperaceae	0,02	0,01	1	0,01
Desmodium hirtum	Fabaceae	0,02	0,01	1	0,01
Euphorbia polycnemoides	Euphorbiaceae	0,02	0,01	0	0
Ipomea pes-tigridis	Convolvulacea	0,02	0,01	2	0,03
Justicia kotschyi	Convolvulacea	0,02	0,01	0	0
Lepidagathis anobrya	Acanthaceae	0,02	0,01	0	0
Sida rhombifolia	Malvaceae	0,02	0,01	0	0
Tephrosia linearis	Fabaceae	0,02	0,01	2	0,03
Alysicarpus rugosus	Fabaceae	0,01	0,01	1	0,01
Amaranthus hybridis	Amaranthaceae	0,01	0,01	0	0
Amaranthus viridis	Amaranthaceae	0,01	0,01	0	0

Aspilia paludosa	Asteraceae	0,01	0,01	0	0
Brachiaria ciliaris	Poaceae	0,01	0,01	3	0,03
Brachiaria ramosa	Poaceae	0,01	0,01	3	0,03
Cardiospermum halicacabum	Sapindaceae	0,01	0,01	0	0
Corchorus fascicularis	Tiliaceae	0,01	0,01	1	0,01
Cyperus compressus	Cyperaceae	0,01	0,01	1	0,01
Eragrostis japonica	Poaceae	0,01	0,01	3	0,03
Eragrostis tenella	Poaceae	0,01	0,01	3	0,03
Indigofera senegalensis	Fabaceae	0,01	0,01	2	0,02
Ipomea coptica	Convolvulaceae	0,01	0,01	2	0,02
Ipomea ochracea	Convolvulacea	0,01	0,01	2	0,02
Jacquemontia tamnifolia	Convolvulacea	0,01	0,01	1	0,01
Merremia tridentata	Convolvulacea	0,01	0,01	2	0,02
Monechma ciliatum	Acanthaceae	0,01	0,01	0	0
Blainvillea gayana	Asteraceae	0,01	0,00	0	0
Corallocarpus epigaeus	Cucurbitaceae	0,01	0,00	0	0
Cucurbitaceae	Cucurbitaceae	0,01	0,00	0	0
Eleusine indica	Poaceae	0,01	0,00	1	0,00
Euphorbia aegyptiaca	Euphorbiaceae	0,01	0,00	0	0
Euphorbia convolvuloides	Euphorbiaceae	0,01	0,00	0	0
Indigofera astragalina	Fabaceae	0,01	0,00	2	0,01
Indigofera diphylla	Fabaceae	0,01	0,00	2	0,01
Indigofera secundiflora	Fabaceae	0,01	0,00	2	0,01
Asparagus sp	Liliaceae	0,01	0,00	0	0
Phyllanthus maderaspatensis	Euphorbiaceae	0,01	0,00	0	0
Polycarpea corymbosa	Caryophyllaceae	0,01	0,00	0	0
Sida ovata	Malvaceae	0,01	0,00	0	0
Desmodium linearifolium	Fabaceae	0,01	0,00	1	0,00

6.2.2- Production et qualité des herbages

6.2.2.1- Valeur pastorale

La connaissance de la valeur pastorale nette et de la production de fourrage « qualifié » de la zone d'étude permet de mieux appréhender sa durabilité. La valeur pastorale brute (Vpb) est la somme des produits des contributions des diverses espèces et indices spécifiques de qualité correspondants. Elle est pondérée avec le recouvrement global de la végétation herbacée pour obtenir la valeur pastorale nette ou Indice global de qualité (IGQ).

Les valeurs relatives des espèces sont moyennes à faibles (Tableau 13). Les espèces *Zornia glochidiata* (44,49), *Schoenefeldia gracilis* (30,66), *Andropogon pseudapricus* (24,5), *Pennisetum pedicellatum* (23,26) et *Eragrostis tremula* (18,76) possèdent les valeurs relatives les plus élevées.

Valeur pastorale brute (Vpb)= 67,2 %

Valeur pastorale nette (Vpn)=IGQ= 56,4 %

L'indice global de qualité est de 56,4 %. Il varie selon les différentes catégories d'espèces herbagères. Les espèces de la catégorie Bvp et Mvp participent respectivement pour 51,2% et 39,7% de l'IGQ (Tableau 14). Ces deux groupes représentent 91% de la valeur de l'indice. Le groupe Mvp a une IGQ élevée car *Zornia glochidiata* et *Andropogon pseudapricus* qui font partie de ce groupe ont les contributions spécifiques les plus élevées.

Tableau 14: Contribution des catégories d'espèces herbagères dans l'IGQ

Catégories d'esp. Fourrag.	Isi	Espèces dominantes	Contribution %
Bonne valeur pastorale (Bvp)	3	*Pennisetum pedicellatum*	51,2
		Schoenefeldia gracilis	
		Eragrostis tremula	
		Andropogon gayanus	
Moyenne valeur pastorale (Mvp)	2	*Zornia glochidiata*	39,7
		Andropogon pseudapricus	
		Schizychirium exile	
		Cassia mimosoides	
Faible valeur pastorale (Fvp)	1	*Cassia obtusifolia*	9,1
		Loudetia togoensis	
		Spermacoce chaetocephala	
		Tephrosia gracilipes	
Sans valeur pastorale (Svp)	0	*Cassia mimosoïdes*	0
		Waltheria indica	

6.2.2.2- Phytomasse herbacée et fourrage qualifié

La production évaluée a concerné la phytomasse aérienne ou épigée. Elle correspond à la somme de la masse verte (biomasse épigée) et de la masse sèche sur pied (nécromasse). La connaissance de cette phytomasse est nécessaire à la compréhension du fonctionnement de l'écosystème pastoral.

Ainsi la phytomasse épigée est exprimée en KgMS/ha ou Tonnes MS/ha.

Phytomasse herbacée produite (Ph) = 330 gMS/m² = 3300 KgMS/ha

L'IGQ ou valeur pastorale nette est appliquée à la phytomasse herbacée produite pour obtenir la production de fourrage « qualifié ».

Production de fourrage « qualifié » Pfq= Ph x IGQ

Pfq= 3,3 tonnes MS/ha x 56,41%= 1,86 tonnes MS/ha

Cette pondération « qualité » du fourrage améliore l'estimation de la charge possible en bétail car la part du fourrage inutilisée peut alors être réduite de moitié (pertes biologiques, pertes par prédateurs, pertes par piétinement.. .) (Barral & *al.*, 1983).

La connaissance de la production de fourrage « qualifié » permet de calculer la capacité de charge (CC) qui est le nombre d'Unité de Bétail Tropical (UBT) qui peut être entretenu sur 1 ha de pâturage au cours d'une période donnée. C'est une donnée qui peut permettre de réduire la dégradation des pâturages tout en sauvegardant les performances du bétail.

Production de fourrage « qualifié » (Pfq)= 1,86 t MS/ha= 1860kg MS/ha

Besoin alimentaire d'un animal= Ba = 6,25 kg de MS/j

Nombre de jours de pâture= Pfq /Ba= 297,6 j

La durée de la saison sèche est en moyenne de 8 mois, donc le nombre de jour de saison sèche est de 240 j

Capacité de charge (CC)= Nombre de jours de pâture x 0,3/nombre de jours de saison sèche

CC= 0,41 UBT/ha/an

Le tableau 15 récapitule le bilan fourrager annuel dans la réserve de biosphère du Ferlo.

Tableau 25: Bilan fourrager annuel de la RBF

Paramètres mesurés	Résultats
Production de Phytomasse (Ph)	3,3 tonnes MS/ha
Valeur pastorale brute (Vpb)	67,16%
Indice global de qualité (IGQ)=Vpn	56,41 %
Production de fourrage « qualifié » (Pfq)	1,86 tonnes MS/ha
Capacité de charge	0,41 UBT/ha/an

6.2- DISCUSSION ET CONCLUSION

Le but de ce travail a été d'évaluer la production et d'apprécier la qualité pastorale des herbages de la réserve de biosphère du Ferlo.

L'estimation de la production de phytomasse des pâturages sahéliens dépend fortement du cortège floristique des pâturages, qui co-détermine la quantité et la qualité du fourrage disponible. Les travaux antérieurs sur la composition floristique de végétation herbacée des savanes soudano-sahéliennes ont révélé qu'elle est très largement dominée par les graminées annuelles (Bille, 1977 ; Cornet, 1981 ; Grouzis, 1992 ; Achard, 1992 ; Akpo & *al.*, 2003). Dans la réserve de biosphère du Ferlo malgré une prédominance des graminées annuelles (*Andropogon pseudapricus, Pennisetum pedicellatum* et *Schoenfeldia gracilis*), la légumineuse *Zornia glochidiata* avec une contribution spécifique de 22,2% est l'espèce la plus représentative dans la strate herbacée. Les pâturages à espèces annuelles évoluent rapidement avec la disparition du pédoclimax des graminées qui n'ont guère la possibilité de fructifier (Boudet, 1983), entraînant ainsi l'augmentation d'espèces appétées à cycle court qui parviennent à se multiplier sous pâture (*Zornia glochidiata*).

La Production de la phytomasse herbacée est estimée à 3,3 tonnes MS/ha. Ces résultats corroborent ceux trouvés par Akpo (1998) au Ferlo qui varient de 2,31 et 4,36 t MS/ha. Sur une étude réalisée dans les savanes burkinabé, Achard (1992) a trouvé une production de biomasse qui oscille selon les années entre 2,3 et 5 t MS/ha. Boudet (1977) a trouvé 3 tonnes MS/ha pour les pâturages soudano-sahéliens à dominance de graminées annuelles avec une pluviosité moyenne annuelle comprise entre 400 et 800 mm. En effet, la variabilité des précipitations affecte de manière significative la qualité et la quantité de la biomasse herbacée (Grouzis & Sicot, 1980 ; Barral & *al.*, 1983 ; Boudet, 1985). Tant que l'eau est le facteur limitant principal (pluviométrie < 450mm) il y a une étroite corrélation entre l'eau infiltrée et la biomasse herbacée (Boudet, 1985). Outre le facteur pluviométrique, la production primaire de la biomasse herbacée varie en effet spatialement suivant la nature du substrat édaphique (Penning de Vries & Djiteye 1982 ; Brehman & Ridder, 1991). Sicot (1980) estime qu'en conditions naturelles, l'eau est le principal facteur limitant pour la biomasse et la minéralomasse herbacées des pâturages sahéliens. Les autres facteurs écologiques agissent soit en modifiant le stock d'eau utilisable du sol, soit par son intermédiaire. César (1981), sur des savanes soudaniennes, estime que la biomasse maximale dépend uniquement de la longueur de la saison pluvieuse et en particulier de la précocité des pluies. Cependant, dans la RBF où les graminées annuelles dominent, l'effet de la précocité des pluies n'est pas sensible (Achard, 1992).

Il est important de noter que la production de phytomasse a été évaluée durant une année de bonne pluviométrie, ce qui peut expliquer l'importance de la valeur trouvée (3,3 tonnes MS / ha). Cette bonne production pourrait également être liée au statut d'aire protégée d'une bonne partie de la réserve de biosphère. Aussi, la faible densité humaine (6 habitants /km^2) a fortement limité la pression sur les ressources malgré la fréquence des transhumants dans la zone (Ngom et *al.*, 2012a). Cette production de phytomasse épigée, est un indicateur adéquat pour apprécier l'activité biologique des écosystèmes. C'est un indicateur qui synthétise très bien les effets des divers facteurs environnementaux sur l'activité biologique primaire (Carrière & Toutain, 1995).

La valeur pastorale brute (67,1%) a été pondérée avec le recouvrement de la végétation pour obtenir la valeur pastorale nette (Vpn) ou indice globale de qualité (IGQ) qui est estimée à 56,4%, ce qui signifie que la part de la production herbacée brute réellement consommée par les animaux est de 56,4%. Cette valeur relativement élevée est fortement dépendante de la composition spécifique. En effet, si les espèces de bonne valeur pastorale (Isi = 3) et de moyenne valeur pastorale (Isi = 2) sont dominantes, l'indice global de qualité des herbages est plus élevé. Exceptée l'espèce *Cassia obtusifolia*, les cinq espèces aux contributions spécifiques les plus importantes dans la zone sont soit des espèces de bonne valeur pastorale (*Pennisetum pedicellatum, Schoenfeldia gracilis* et *Eragrostis tremula*), soit des espèces de moyenne valeur pastorale (*Zornia glochidiata* et *Andropogon pseudapricus*).

La fiabilité de l'indice global de qualité des herbages est qu'il s'appuie sur l'appétibilité des espèces, donc sur le choix des animaux (Akpo & Grouzis, 2000).

La valeur pastorale nette est appliquée à la phytomasse produite pour qualifier le fourrage produit. Ainsi, la phytomasse de 3300 Kg MS/ha, avec une Vpn de 56,4 % n'équivaut qu'à 1860 kg de MS/ha de fourrage « qualifié ». Cette pondération « qualité » du fourrage fiabilise l'estimation de la capacité de charge en bétail (Barral & *al.*, 1983). Cette capacité de charge (CC) est estimée à 0,41 UBT / ha / an. Il faut donc 2,40 ha pour chaque UBT qui pâture dans la zone tampon de la réserve de biosphère du Ferlo. Cette valeur est proche des 0,37 UBT/ha/an trouvé par Assarki (2000) dans un écosystème similaire du Mali. Cependant elle est deux fois plus élevée comparée à la capacité de charge de 0,22 UBT / ha / an trouvée dans la forêt de Gonsé au Burkina Faso par Tiendrebeogo & Sorg (1997), ce qui peut s'expliquer par la faible densité humaine (6 hbts / km^2) et le statut d'aire protégée.

Cette capacité de charge constitue un bon indicateur de gestion durable du bilan fourrager. En effet, le rapport de la charge réelle à la capacité de charge constitue un bon indice d'intensité d'exploitation du pâturage ; il y a surexploitation lorsqu'il est supérieur à 1 (Carrière et Toutain, 1995).

Malgré ses potentialités pastorales, la RBF subit l'effet des feux de brousse, de l'érosion hydrique et éolienne et de l'exploitation par l'homme. Cependant, la plus sérieuse menace qui pèse sur cette zone sylvopastorale demeure l'afflux des agriculteurs qui grignotent de plus en plus les réserves sylvopastorales où seuls les campements temporaires des éleveurs sont permis. L'affectation de terres à l'intérieur des réserves sylvopastorales et des réserves de faune demeure la responsabilité de l'Etat qui n'est plus en mesure d'assurer le contrôle. En effet, les choix économiques de l'Etat (concessions de terrains, subventions, déclassements de forêts classées, fonds pour la mise en place d'infrastructures, laxisme administratif calculé) ont été favorables au mouvement de colonisation agricole (Ba, 2005).

Ainsi, dans ce contexte de remontée du front agricole au Ferlo, la réflexion sur une stratégie d'aménagement et de gestion à long terme de la RBF doit pallier d'une part le déficit de fourrage et d'autre part les conflits entre éleveurs autochtones, transhumants et agriculteurs dans la zone.

Il importe de noter que ces résultats sur la production et la qualité fourragères, constituent un outil important pour une meilleure gestion et une gouvernance partagée des ressources sylvopastorales de la réserve de biosphère du Ferlo.

Chapitre 7 :
QUANTIFICATION DES SERVICES ECOSYSTEMIQUES FOURNIS PAR *PTEROCARPUS LUCENS* : FOURRAGE, BOIS DE CHAUFFE ET SÉQUESTRATION DE CARBONE DANS LA RÉSERVE DE BIOSPHÈRE DU FERLO

RÉSUMÉ

Cette étude se propose de quantifier les services écosystèmiques fournis par *Pterocarpus lucens* aux communautés locales de la réserve de biosphère du Ferlo; il s'agit du fourrage aérien, de la production de bois et de la quantité de carbone séquestrée. La population de *Pterocarpus lucens* étudiée présente une structure relativement en équilibre où toutes les classes de circonférence sont représentées.

Une régression effectuée avec le logiciel Minitab 14 sur les variables explicatives que sont la circonférence et la hauteur, a permis d'élaborer des modèles de prédiction pour estimer le fourrage aérien et la quantité de bois fournis par l'une des espèces les plus sollicitées dans les parcours sahéliens. La production fourragère de *Pterocarpus lucens* est estimée à 178 kg MS/ha. Cette valeur importante de production de fourrage aérien montre la place prépondérante de cette espèce dans l'alimentation du bétail au sahel. La production en bois a été également estimée à 545 kg MS/ha. La quantité de carbone séquestrée par cette espèce est estimée à 325,35 kg de C / ha. Ces estimations sont intéressantes dans le contexte de mise en place de la réserve de biosphère, qui a pour vocation de concilier la capacité de production des écosystèmes avec la satisfaction des besoins des communautés locales.

Mots clés : services écosystèmiques – régression – fourrage – production de bois - carbone

INTRODUCTION

Les réserves de biosphère ont pour principale fonction de concilier la conservation de la nature et l'utilisation durable des services écosystèmiques qui assurent la subsistance des communautés. À chaque type d'écosystèmes ou d'espèces correspondent des fonctions et des services différents. Dans les écosystèmes sahéliens du Ferlo, les ligneux fourragers en général et *Pterocapus lucens* en particulier joue un rôle écologique et socio-économique de grande importance. En effet, les ressources herbacées insuffisantes pour assurer un bilan fourrager convenable tout au long du cycle annuel, les arbres constituent le seul recours des éleveurs pour assurer la survie des animaux durant la période de soudure. Ils contribuent au maintien de l'équilibre des écosystèmes fragiles par un accroissement de la structure et de la circulation des éléments nutritifs du sol (Akpo et *al.*, 2003 ; le Houérou, 1980). *Pterocarpus lucens* est l'une des deux espèces les plus appétées par le bétail, mais également les plus élaguées par les bergers dans la zone sylvopastorale du Ferlo. Elle contribue à la production de bois de chauffe et est l'espèce la plus utilisée comme bois de service pour les communautés locales (Ngom, 2008). Cette espèce a également un fort potentiel de séquestration du carbone.

Les synthèses des connaissances sur la productivité des savanes (Clément, 1982 ; FAO, 1984 ; Nouvellet, 1992 ; Nasi, 1994 ; Sylla, 1997) ont révélé la complexité de la tâche et la diversité des réponses que l'on peut apporter à la question de la productivité des savanes (Picard et *al.*, 2006). Ainsi, pour une meilleure estimation de la production des formations arborées et arbustives, il s'avère nécessaire de trouver des méthodes qui prennent en compte les différentes productions, la diversité et la dynamique des formations ligneuses (Coulibaly, 1998). Cette estimation est indispensable à l'établissement d'un bilan précis entre les besoins et les ressources, en particulier en ce qui concerne le bois de chauffe (Clément, 1982).

L'étude réalisée dans la réserve de biosphère du Ferlo au Nord-Sénégal a pour objectif de quantifier l'apport de *Pterocarpus lucens* dans la production de fourrage, la production de bois et la quantification du carbone séquestré.

7.1- MATÉRIEL ET MÉTHODES

Le matériel végétal utilisé est *Pterocarpus lucens*. C'est un arbuste ou petit arbre atteignant exceptionnellement 12 m de haut, qui pousse sur des terrains très secs où son développement dépend de la nature et de la profondeur du sol (Roussel, 1995). Les feuilles sont alternes imparipennées et la floraison se déroule en saison sèche, juste avant ou au moment de la feuillaison. C'est une espèce qui se rencontre dans les savanes sahélo-soudaniennes à soudaniennes, du Sénégal à l'Ethiopie (Arbonnier, 2002). Elle l'une des principales espèces fourragères dans la zone sylvopastorale du Sénégal.

Photo 12 : Pied de *Pterocarpus lucens*

La structure des populations a été établie sur la base d'inventaire exhaustif sur 57 placettes de 30 x 30 m, soit 900 m² (Boudet, 1984). Sur chaque ligneux rencontré, nous avons mesuré la circonférence du tronc à 0,30 m du sol (Akpo et Grouzis, 1996), la hauteur totale, la hauteur de la première branche, le diamètre (Nord-Sud, Est-Ouest) de la couronne.

Pour ne pas porter trop de préjudices aux individus échantillonnés, nous avons choisi différents types de branches définies pour représenter l'arbre. Pour chaque branche, nous avons mesuré sa longueur et sa circonférence. Ensuite, nous avons récolté toutes les feuilles, et coupé le bois en rondelles. Toutes les feuilles récoltées et les rondelles de bois coupées sont mises dans un sac, puis pesées (figure 26) à l'aide d'un peson à ressort.

Des échantillons ont été prélevés (feuilles et rondelles de bois) sur 40 arbres et ramenés au laboratoire pour déterminer la matière sèche après passage à l'étuve à 85°C jusqu'à poids constant.

Cette méthode a permis d'établir les équations de régression reliant d'une part la phytomasse foliaire à la circonférence basale et à la longueur des branches correspondantes (Newbould, 1967) et d'autre part la quantité de bois avec les mêmes paramètres dimensionnels à savoir la circonférence et la longueur.

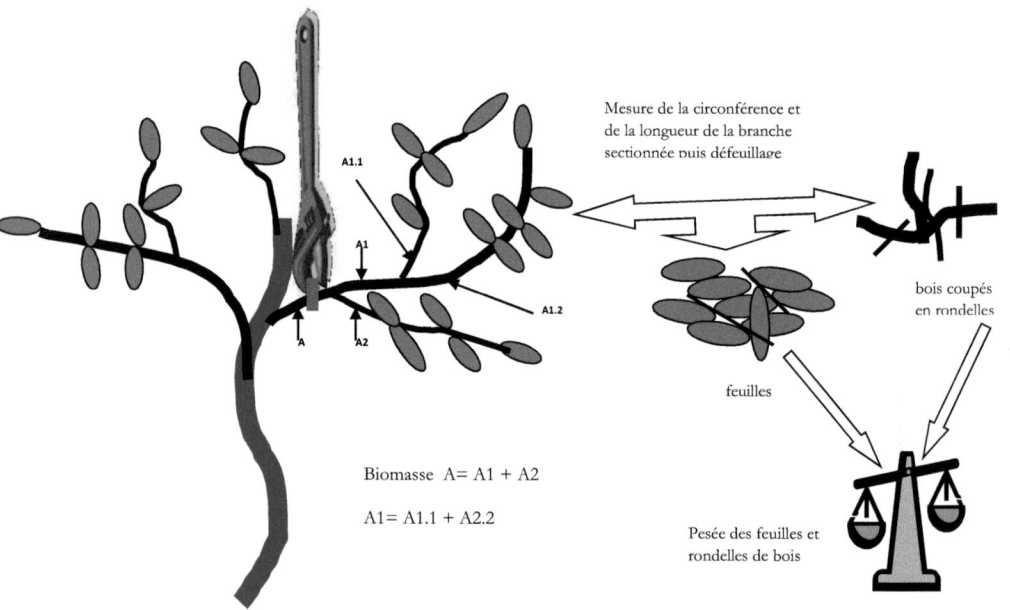

Figure 26: Principe de mesure de la biomasse foliaire et de la biomasse ligneuse sur le terrain

Les analyses statistiques effectuées avec le logiciel Mintab 14 ont permis d'établir une régression sur les variables explicatives circonférence et hauteur pour estimer la biomasse aérienne et la biomasse bois chez *Pterocarpus lucens*. La force d'association entre deux variables a été estimée par le coefficient de détermination R^2, compris entre 0 et 1.

On aboutit ainsi à des relations allométriques de la forme suivante :
- Y= a.X + b ou Log10 Y= a Log10 X + b avec Y est la biomasse foliaire (exprimée en g de MS), X est la circonférence ou la hauteur (en cm), a et b sont des constantes.
- Y= a.X + b.Z + c avec Y est la MS bois (exprimée en Kg de MS), X est la circonférence, Z est la hauteur (en cm), a, b et c sont des constantes.

Le principe de calcul de biomasse foliaire et la biomasse ligneuse (bois) consiste à établir la distribution de l'effectif en fonction des classes de circonférence à la base du tronc. L'équation de régression est appliquée à la valeur minimale et maximale de chaque classe de circonférence. Les valeurs obtenues pour la biomasse foliaire et le bois sont pondérées par la densité de *Pterocarpus lucens* dans chaque classe. La moyenne des valeurs minimales et des valeurs maximales permet d'estimer la production fourragère et la quantité moyenne de bois en KgMS/ha.

La quantité de carbone séquestrée par *Pterocarpus lucens* est déduite de la biomasse arborée (biomasse ligneuse + biomasse foliaire) en la multipliant par le facteur 0,45 (Woomer et Palm, 1998).

7.2- RESULTATS :
7.2.1- Structure de la population de *Pterocarpus lucens*
7.2.1.1- Structure de la population par classe de circonférence

La figure 27 montre la répartition de la population de *Pterocarpus lucens* par classe de circonférence. Le premier pic est représenté par la classe [31-40 cm] constituée d'individus à petit diamètre. Le deuxième pic représenté par les deux classes [51-60 cm] et [61-70 cm] est constitués par des individus à diamètre moyen. Le troisième pic caractérisé par la classe [100-150 cm] est constitué d'individus à gros diamètre.

Les effectifs observés dans les petites classes [10-20 cm], [21-30 cm] montrent un niveau appréciable de régénération. Globalement la structure de la population reflète un équilibre relatif de la population de *Pterocarpus lucens* où toutes les classes sont représentées avec des paliers irréguliers.

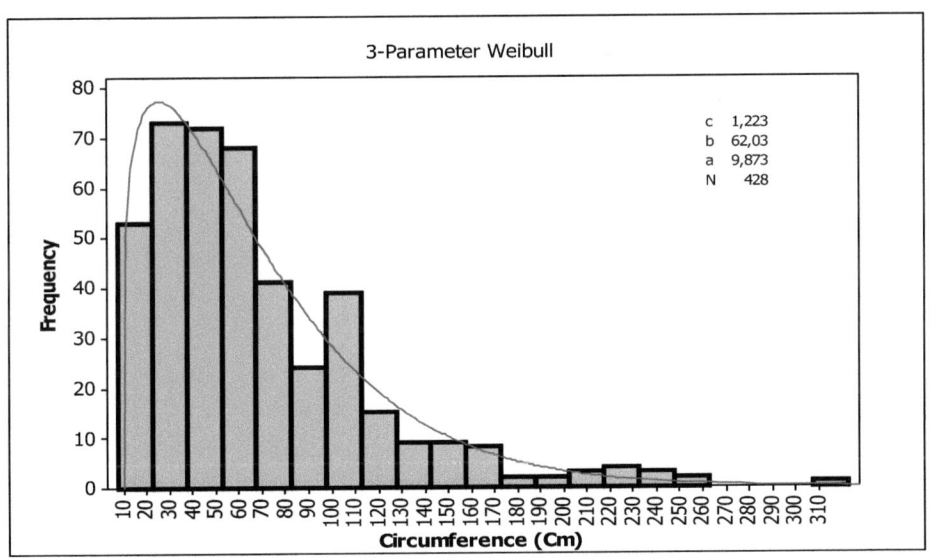

Figure 27: Distribution des populations de *Pterocarpus lucens* par classe de circonférence

7.2.1.2- Structure de la population par classe de hauteur

L'examen de la distribution de la population *Pterocarpus lucens* par classes de hauteur (Figure 28) montre un diagramme en cloche avec un pic de la classe]4-5 m]. Les individus dont la hauteur est comprise entre 2 et 7 m sont plus fréquents car la population est constituée d'arbustes ; les arbres sont rares. Les faibles effectifs dans les classes [0-1 m]]1-2 m] s'explique par la forte pression sur cette espèce liée à son appétibilité et à la fréquence des feux de brousse. Le niveau de régénération appréciable révélé par la distribution des populations par classe de circonférence n'est qu'apparent, car la faible présence des classes [0-1 m]]1-2 m] montre que le potentiel de renouvellement de *Pterocarpus lucens* est menacé.

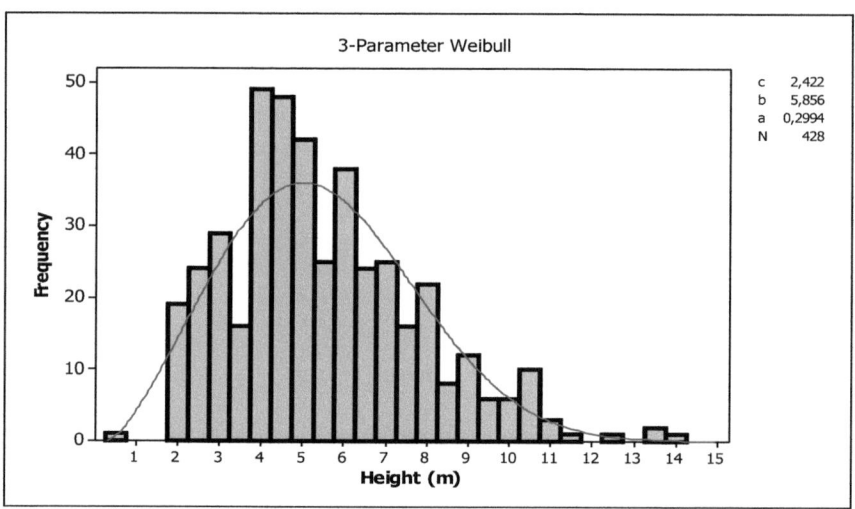

Figure 28: Distribution de la population de *Pterocarpus lucens* et par classe de hauteur

7.2.2- Teneur en matière sèche

Les teneurs en matière sèche par rapport au poids frais des 10 échantillons de bois et de la biomasse foliaire *Pterocarpus lucens* sont données par le tableau 16.

La teneur en matière sèche de la biomasse foliaire de *Pterocarpus lucens* est de 56% en moyenne mais est très variable selon les échantillons avec un minimum de teneur en matière sèche de 45% et maximum de 64%. Cette variabilité est liée à la diversité des unités géomorphologiques avec comme corollaire des variations de la disponibilité en eau des sols qui constituent toutefois une des causes principales de l'hétérogénéité de la teneur en eau des feuilles.

L'examen du tableau montre que la teneur en matière sèche de bois varie peu entre 55% et 65% selon les échantillons. La teneur moyenne en matière sèche est 61%, ce qui est assez élevé, mais qui s'explique par le fait que *Pterocarpus lucens* est une espèce caractéristique des plateaux cuirassés du Ferlo où la disponibilité de l'eau est moindre.

Tableau 16: Teneur en matière sèche du bois et des feuilles de *Pterocarpus lucens*

Echantillons	Biomasse foliaire		Biomasse ligneuse	
	teneur MS %	teneur en eau %	teneur MS %	teneur en eau %
1	64	36	64	36
2	58	42	65	35
3	57	43	60	40
4	45	55	59	41
5	63	38	64	36
6	57	43	59	41
7	59	41	55	45
8	55	45	60	40
9	51	49	63	38
10	51	49	58	42
Moyenne	**56**	**44**	**61**	**39**

7.2.3- Modélisation de la production fourragère

Nous avons établis des relations allométriques entre la biomasse foliaire et la circonférence de *Pterocarpus lucens*. Les conditions préalables de régression ont été vérifiées. Les résidus de régression ont été calculé et leur normalité vérifiée par le test de Ryan-joiner (Probabilité supérieure à 0,01). L'hypothèse d'indépendance des résidus est également vérifiée (Probabilité de Durbin-Watson supérieur à 0,05). Par ailleurs le facteur d'inflation de la variance inférieure à 10 montre que les prédicteurs ne sont pas auto-corrélés. La méthode de sélection ascendante (Forward selection) a permis de retenir la seule variable circonférence dont le coefficient de régression est très hautement significatif (p=0,0001).

Les deux modèles étudiés sont consignés dans le tableau 17.

Tableau 17: Modèle de prédiction de la biomasse foliaire en fonction de la circonférence

Modèles	Equations de régression	R^2
Modèle I	Pf (g MS) = - 249,3 + 59,07 C (cm)	74%
Modèle II	Log10 Pf (g MS) = 0,6156 + 1,862 Log10 C (cm)	75%

Pf = production fourragère en gramme de matière sèche – C = Circonférence en cm – R^2 = coefficient de détermination

L'examen des courbes de tendance de la biomasse foliaire en fonction de la circonférence (figure 29 et 30) montre des valeurs très satisfaisantes obtenues pour les coefficients de détermination des deux modèles (74% et 75%). Ces coefficients de détermination élevés montrent qu'il y a une force d'association importante entre la biomasse foliaire maximale et la circonférence basale des arbres.

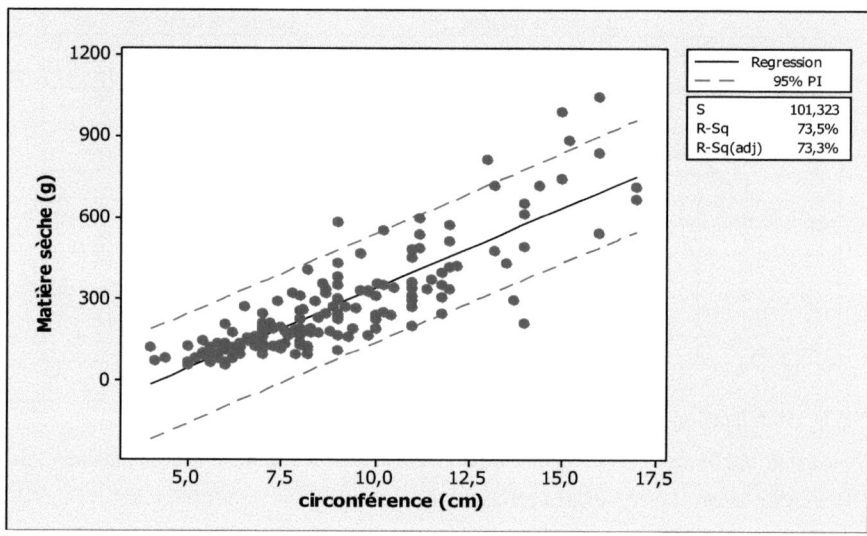

Figure 29: Courbe de régression linéaire simple de la biomasse en fonction de circonférence

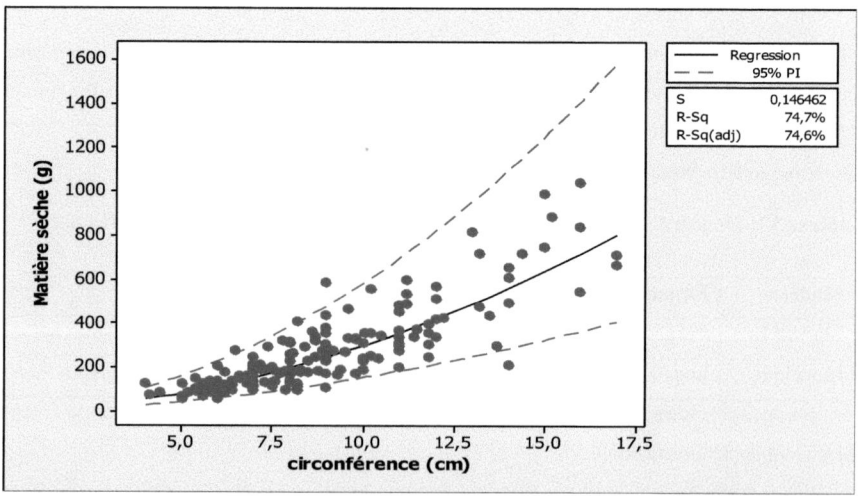

Figure 30: Courbe de régression logarithmique de la biomasse en fonction de la circonférence

De tous les modèles testès (test de normalité, hypothèse d'indépendance, facteur d'inflation de la variance), le modèle de régression linéaire simple est le plus approprié (Modèle I). Ce modèle est retenu pour le calcul de la production fourragère aérienne de *Pterocarpus lucens*.

7.2.3- Modélisation de la production de bois

Les caractéristiques dendrométriques (circonférence et longueur) et le poids des rondelles de branches sont les variables qui nous ont permis d'établir un modèle allométrique de calcul de la biomasse ligneuse de *Pterocarpus lucens* (figure 31).

Les conditions de régression ont été vérifiées et les données aberrantes supprimées. La méthode de sélection ascendante à permis de retenir un modèle estimatif de la MS bois. Le modèle est globalement très hautement significatif ainsi que les paramètres le composant. Le modèle est le suivant :

Pb (kg MS de bois)= - 1,77 + 0,150 C (cm) + 0,506 H (m) $R^2 = 76\%$

avec Pb = production de bois en Kg de matière sèche   C = Circonférence à 0,3m en cm   H = hauteur de l'arbre R^2= coefficient de détermination

Le coefficient de détermination du modèle qui est de 76% est élevé. Il mesure le degré de la relation entre la production de bois, la circonférence et la longueur des branches. Ces trois paramètres varient de façon concomitante, avec des effets qui se renforcent mutuellement. Ce coefficient de détermination montre qu'il y a une très grande corrélation entre la quantité de bois, la circonférence et la longueur des branches.

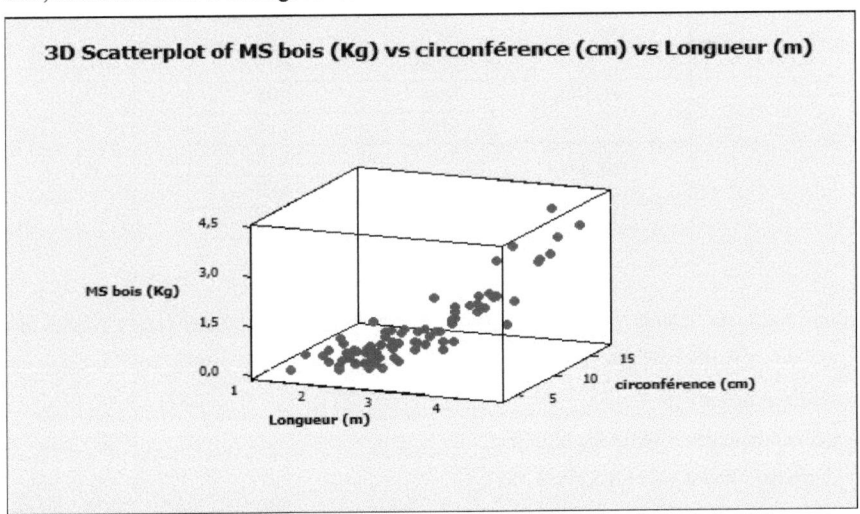

Figure 31: Courbe de tendance à 3 dimensions de la biomasse ligneuse en fonction de la circonférence et de la longueur des branches

7.2.4- Estimation de la production fourragère

Selon le test de normalité, l'hypothèse d'indépendance et facteur d'inflation de la variance, le modèle de régression linéaire simple est le plus approprié pour calculer la production fourragère. Pf (g MS) = - 249,3 + 59,07 C (cm). Cette équation a permis de calculer les valeurs minimales et maximales de la biomasse foliaire dans les différentes classes de circonférence en kg MS/hectare (tableau 18).

Tableau 18: Estimation de la production fourragère selon les classes de circonférence

Classe de circonférence (cm)		Pf (Kg MS/ha)
[10-20]	Min	1,45
	Max	3,95
[21-30]	Min	4,31
	Max	6,61
[31-40]	Min	9,75
	Max	13,02
[41-50]	Min	7,02
	Max	8,74
[51-60]	Min	13,40
	Max	15,98
[61-70]	Min	14,91
	Max	17,27
[71-80]	Min	8,77
	Max	9,95
[81-90]	Min	8,25
	Max	9,21
[91-100]	Min	11,91
	Max	13,14
[101-150]	Min	36,38
	Max	54,80
> 150	Min	28,22
	Max	58,77

La moyenne des valeurs minimales et des valeurs maximales des différentes classes de circonférence permet de calculer la production fourragère utilisable en Kg MS / hectare de *Pterocarpus lucens*.

Σ valeurs minimales = 144,3 Kg MS / ha

Σ valeurs maximales = 211,4 Kg MS / ha

Production fourragère moyenne Pf moy = $\frac{\Sigma\ valeurs\ min + \Sigma\ valeurs\ max}{2}$ = 178 Kg MS / ha

La production fourragère de *Pterocarpus lucens* se situe entre 144,3 et 211,4 KgMS/ha. Le rapport entre la moyenne maximale et la moyenne minimale n'est pas élevé (1,5) ce qui s'explique par la présence de toutes les classes de circonférence dans le peuplement.

7.2.5- Estimation de la production de bois de chauffe

La régression sur les variables explicatives circonférence et hauteur a permis d'établir un modèle de prédiction de la production en bois de *Pterocarpus lucens*. Ce modèle est la suivante : Pb (kg MS de bois)= - 1,77 + 0,150 C (cm) + 0,506 H (m)

Sur la base de ce modèle nous avons calculé les valeurs minimales et maximales de la production en bois dans les différentes classes de circonférence en kg MS/hectare (tableau 19).

Tableau 19: Estimation de la production de bois selon les classes de circonférence et la hauteur des arbres

Circonférence (cm)	hauteur moyenne		Pb (Kg MS / ha)
[10-20]	3,20	min	5,72
		max	12,09
[21-30]	4,00	min	14,79
		max	20,65
[31-40]	4,30	min	31,15
		max	39,47
[41-50]	4,70	min	21,84
		max	26,21
[51-60]	4,90	min	40,53
		max	47,08
[61-70]	5,70	min	45,62
		max	51,62
[71-80]	5,70	min	26,14
		max	39,30
[81-90]	6,40	min	39,74
		max	43,68
[91-100]	6,60	min	35,36
		max	38,50
[101-150]	7,60	min	109,62
		max	156,39
> 150	9,70	min	83,84
		max	161,42

La moyenne des valeurs minimales et des valeurs maximales des différentes classes de circonférence permet de calculer la production de bois en Kg MS / hectare de *Pterocarpus lucens*.

Σ valeurs minimales = 454 Kg MS / ha
Σ valeurs maximales = 636 Kg MS / ha
Production moyenne en bois Pb moy = $\frac{\Sigma\ valeurs\ min + \Sigma\ valeurs\ max}{2}$ = 545 Kg MS / ha

7.2.6- Quantité de carbone séquestrée

Les équations allométriques élaborées ont permis de calculer la biomasse foliaire et la biomasse ligneuse de *Pterocarpus lucens*. Pour estimer la quantité de C séquestrée, la biomasse arborée (biomasse ligneuse + biomasse foliaire) est multiplié par le facteur 0,45 (Woomer et Palm, 1998 ; Woomer et al, 2004).

Quantité de carbone séquestrée = 0,45 (178 Kg + 545 kg) / ha
Quantité de carbone séquestrée = 325,35 kg de C / ha

7.3- DISCUSSION ET CONCLUSION

Le but de ce travail a été de quantifier les services écosystèmiques les plus importants fournis par *Pterocarpus lucens* dans la réserve de biosphère du Ferlo ; il s'agit du fourrage, de la biomasse ligneuse et de la quantité de carbone séquestrée. Ainsi, à partir de relations allométriques sur les variables explicatives circonférence et hauteur nous avons estimé la production de fourrage aérien, de bois et la quantité de carbone séquestrée chez *Pterocarpus lucens*.

L'évaluation de la production fourragère aérienne est complexe. L'accès plus difficile à cette phytomasse, aussi bien que sa variabilité spatiale et temporelle, est probablement en partie responsable du développement tardif des méthodes d'évaluation de la phytomasse fourragère (Ickowicz, 1995). Ainsi, en raison du caractère destructeur et fastidieux des mesures directes de phytomasse, la recherche de relations allométriques entre la biomasse foliaire et divers paramètres physiques (circonférence et hauteur) facilement mesurables est apparue comme une méthode intéressante à tout point de vue. En effet, les relations allométriques ont fait l'objet de multiples études sur des espèces différentes aussi bien dans des écosystèmes sahéliens (Poupon, 1976 ; Bille, 1977 ; Cissé, 1980, Piot & *al.*, 1980 ; Claude & *al.*, 1992 ; Ngom & *al.*, 2009 et Ould Soule, 2011) que dans les écosystèmes tempérés (Pressland, 1975 ; Philips, 1977 ; Cabanettes & Rapp, 1978 ; Auclair & Métayer, 1980).

La modélisation de la production fourragère effectuée dans le cadre de cette étude a révélé que parmi les deux paramètres physiques étudiés, la circonférence présente une meilleure corrélation avec la biomasse aérienne. Ces résultats corroborent les travaux de Cissé (1980) et Ngom et al. (2009). Aussi, la circonférence à la base est une donnée plus facile à mesurer sur le terrain. Le modèle proposé a permis de calculer la production fourragère de *Pterocarpus lucens* qui est estimé à 178 kg MS/ha. Cette valeur de la production fourragère est 4 fois supérieure à celle trouvée par Ngom et al., 2009 dans d'autres écosystèmes du Ferlo, ce qui s'explique par une densité plus élevée (43 indivdus / ha) mais également par une méthode de calcul améliorée qui prend en compte la densité par classe de circonférence et non la densité globale. L'importance de cette production fourragère confirme la place prépondérante qu'occupent les ligneux fourragers dans l'alimentation du bétail au sahel.

La biomasse ligneuse (production en bois) a été également calculée à partir d'une relation allométrique qui prend en compte aussi bien la circonférence que la hauteur des arbres. La production de bois de *Pterocarpus lucens* est estimée dans la réserve de biosphère du Ferlo à 545 kg MS/ha. Ces résultats sont intéressants dans la pratique dans un contexte d'accroissement de la demande rurale de produits forestiers (bois de feu, bois de service). Aujourd'hui, le défi de la gestion durable des écosystèmes sylvopastoraux du Ferlo en général et de la réserve de biosphère en particulier, est de concilier la production avec les besoins des populations. Pour cela, il est impératif de connaître le potentiel de production de ces écosystèmes. Aussi, selon Ngom (2008), *Pterocarpus lucens* est une espèce surexploitée au Ferlo en raison de son attrait utilitaire. Outre son importance comme bois de chauffe, elle est l'espèce la plus utilisé comme bois de service et l'une des deux espèces les plus appétées par le bétail, mais également les plus élaguées par les bergers (Ngom et al., 2012b). L'enjeu de la gestion est donc de concilier le maintien des potentialités de cette espèce fourragère avec les pressions pastorales en augmentation (Couteron & al, 1992).

Le calcul la biomasse arborée a permis de calculer la quantité de carbone séquestrée par *Pterocarpus lucens* dans la RBF. En effet cette espèce, est capable de stocker 325,35 kg de C / ha. La mesure du carbone dans les terres tropicales a pris de l'importance dans les études des changements climatiques globaux parce que le carbone perdu par les systèmes tropicaux contribue de manière significative aux changements atmosphériques et en particulier à l'augmentation du CO_2 (Houghton & al., 1993 cité par Woomer, 2001). En effet, le principal moyen pour réduire les émissions net de carbone est d'augmenter le taux de carbone séquestré par les écosystèmes terrestres (Lipper & al., 2010). La présence de densités élevées d'arbres dans la RBF contribue efficacement à la production de carbone organique et favorise une production d'humus maximum si des techniques de gestion appropriées sont appliquées, ce qui provoque une production maximale de biomasse (Baumer, 1997).

Ainsi, pour évaluer le potentiel fourrager, le potentiel de production de bois et la quantité de carbone séquestrée par les espèces sahéliennes, l'utilisation des équations de régression peut réduire le coût humain et financier d'une telle opération. Cependant, toute extrapolation à une plus grande échelle reste très aléatoire. En effet, la plupart des facteurs qui conditionnent la productivité du tapis végétal varient d'une étude à l'autre. Aussi les différences interspécifiques, les conditions de l'alimentation hydrique, les potentialités du sol et surtout du climat ne sont jamais identiques d'une station à l'autre (Cabanettes & Rapp, 1978). Il est également établi que les équations allométriques varient en fonction de l'âge, de la phénologie des plantes et de la pression du pâturage (Poupon 1980, Cissé 1980, Azocar & al., 1991, Oba 1991). Le transfert des modèles proposés à d'autres régions doit donc être fait prudemment. De nombreux paramètres sont à prendre en compte dans l'établissement des modèles de production, comme l'état de l'arbre et le type de sol (Manlay & al., 2002). Aussi, une grande exactitude n'est en général pas atteignable avec les équations allométriques.

Toutefois, ces formules de prédiction constituent une contribution à l'épineux problème d'évaluation fiable de la production de bois, de la biomasse foliaire et de la quantité de carbone séquestrée par les espèces fourragères du Sahel. En effet, la capacité à modéliser et à prévoir l'évolution des ressources sylvopastorales est un enjeu important pour les réserves de biosphère situées en milieu sahélien.

Chapitre 8 :
PERCEPTIONS COMMUNAUTAIRES SUR LES SERVICES ECOSYSTÉMIQUES DE LA RÉSERVE DE BIOSPHÈRE DU FERLO

RESUME

L'analyse des relations entre les communautés locales et leurs milieux naturels utilise de plus en plus la notion de services écosystèmiques. Par des enquêtes, des entrevues, des discussions informelles, des mesures et des observations de terrain, nous avons étudié les services fournis aux populations par les écosystèmes sylvopastoraux de la réserve de biosphère du Ferlo.

Le cortège floristique listé par les populations est riche de 44 espèces ligneuses, appartenant à 36 genres, relevant de 20 familles botaniques. Ces espèces répertoriées contribuent à la fourniture de 6 catégories de services écosystèmiques d'approvisionnement avec un facteur de consensus informateur supérieur à 70%. Par ordre d'importance du pourcentage d'expression d'usages les catégories de services écosystèmiques d'approvisionnement répertoriées sont : la nourriture (23,7%), la pharmacopée (20,3%), le fourrage (18,7%), le bois de construction (16,3%), le bois d'énergie (15,9%) et le bois d'artisanat (5,3%). Les espèces qui présentent les valeurs d'usages les plus élevées pour toutes catégories de services confondues sont *Grewia bicolor* Juss. (2,43), *Pterocapus lucens* Lepr. Ex Guill. et Perr (1,68), *Combretum glutinosum* Perr. ex DC (1,48), *Guiera senegalensis* J. F. Gmel (1,38), *Ziziphus mauritiana* Lam. (1,25) ; ce qui est un indicateur d'une forte pression d'utilisation de ces espèces.

Mots clés : communautés locales – services écosystèmiques – réserve de biosphère – espèces ligneuses - enquêtes

INTRODUCTION

Les réserves de biosphère sont des aires portant sur des écosystèmes terrestres et côtiers/marins qui visent à promouvoir des solutions pour réconcilier la conservation de la biodiversité avec son utilisation durable (Unesco, 1996). Outre leur fonction de conservation de la diversité biologique, les réserves de biosphère contribuent au développement humain durable par la fourniture de services écosystèmiques.

Les écosystèmes sylvopastoraux du Ferlo, contribuent à la fourniture de services écosystèmiques. Ces bienfaits que la société tire des écosystèmes sont de quatre catégories : les services de prélèvement ou d'approvisionnement, les services de régulation, les services culturels et les services d'entretien ou d'appui (MEA, 2005). Cependant, ces milieux sahéliens subissent depuis plusieurs décennies de fortes perturbations liées à la péjoration climatique, mais surtout à l'exploitation par l'homme et le bétail. Aussi, les pratiques d'utilisation et de gestion ne sont pas toujours en adéquation avec le potentiel de régénération. Ces processus de dégradation des ressources naturelles se traduisent souvent par des incursions dans les réserves de la nature et dans les écosystèmes fragiles. La prise de conscience de l'ampleur de la dégradation et de l'épuisement des ressources naturelles justifie pleinement l'avènement du concept de réserve de biosphère. La fourniture des services écosystèmiques est aujourd'hui un défi émergent auquel les réserves de biosphères peuvent contribuer au maintien. Ainsi, les réserves de biosphère sont présentées comme des zones de fourniture des services écosystèmiques et de démonstration des mesures d'adaptation pour les systèmes naturels et humains, facilitant le développement de stratégies et de pratiques de résilience (Unesco, 2012) ; ce qui constitue un argument primordial pour promouvoir la conservation de la biodiversité (Myers, 1996).

À chaque type d'écosystèmes correspondent des fonctions et des services différents, eux-mêmes dépendant de la santé de l'écosystème, des pressions qui s'exercent sur lui mais également de l'usage qu'en font les sociétés dans un contexte biogéographique et géoéconomique donné. Les sociétés humaines utilisent les écosystèmes et, de ce fait, les modifient localement et globalement (Chevassus-au-Louis et *al.*, 2009). En retour, ces sociétés ajustent leurs usages aux modifications qu'elles perçoivent. Cette interaction dynamique caractérise ce qu'il est convenu d'appeler des socio-écosystèmes (Walker et *al.*, 2002).
Plusieurs études ethnobotaniques dans les zones arides et semi-arides d'Afrique (Diop et *al.*, 2005 ; Lykke et *al.*, 2004 ; Cheikhyoussef et *al.*, 2011 ; Ayantunde et *al.*, 2009 ; Dedoncker, 2013 ; Gning et *al.*, 2013 ; Sop et *al.*, 2012 ; Sarr et *al.*, 2013) ont montré l'importance capitale de la végétation ligneuse pour le bien être des communautés locales. Cependant, peu d'études ethnobotaniques ont porté sur les aires protégées et plus particulièrement sur les réserves de biosphère.

Le présent travail a pour objectif d'appréhender les perceptions des populations pastorales sur les différentes catégories de services écosystèmiques d'approvisionnement fournis par la réserve de biosphère du Ferlo, les valeurs d'usages des espèces ligneuses et le niveau de consensus des populations sur les usages des ressources ligneuses.

8.1- MATERIEL ET MÉTHODES

Enquête ethnobotanique

L'étude repose sur des enquêtes de type semi directif conduites en saison sèche entre février et juin, en un seul passage, des observations directes de terrain, des mesures et une revue bibliographique. Les enquêtes ont concerné 40 exploitations pastorales, et ont permis d'aborder les perceptions des populations sur les services fournis par les écosystèmes dans la réserve de biosphère du Ferlo. Les champs d'investigation abordés sont focalisés sur les usages, les modes d'exploitation, d'usages et les pratiques des populations locales pour préserver et conserver les ressources naturelles. 40 hommes, chefs de ménage âgées entre 30 et 71 ans avec une moyenne d'âge de 50 ans ont été enquêtés. Pour mieux appréhender les préférences par rapport aux bois d'énergie, 20 femmes ont été enquêtées.

Des enquêtes informelles sous forme de discussions avec le service des eaux et forêts, le service des Parcs Nationaux, le préfet de Ranérou et les responsables de projet, ont porté sur les usages et la gestion des ressources naturelles.

L'ensemble de ces enquêtes a nécessité l'intervention d'un interprète pour faciliter la communication avec les communautés locales qui parlent peulh.

Traitement des données

Les données d'enquête ont été d'abord dépouillées manuellement puis saisies et traitées dans le logiciel Sphinx Plus qui permet de générer directement les résultats en fonction des variables de saisie en utilisant les techniques d'analyses uni-variées ou bi-variées. Les premiers résultats ont été transformés sur le tableur Excel pour être présentés sous forme de tableaux, de diagramme et d'histogrammes.

❖ **Fréquence de citation**

Pour chaque catégorie d'usage, nous avons analysé la Fréquence de Citations (FC)

$$FC = \frac{\text{Nombre de citations d'une espèce}}{\text{Nombre total de répondants}} X\ 100$$

❖ **Valeur d'usage (VU)**

Pour chaque espèce citée, une valeur d'usage (Use Value ou UV) défini par Phillips et *al.*, (1994) a été définie. La valeur d'usage est une manière d'exprimer l'importance relative de chaque espèce pour la population dans les services d'approvisionnement (Ayantunde et *al.*, 2009; Sop et *al.*, 2012).

$UV = \frac{\sum U}{n}$ U= nombre de citations par espèce ; n= nombres d'informateurs

❖ **Facteur de Consensus Informateur (FCI)**

Le niveau de consensus des populations sur les usages des ressources ligneuses a été appréhendé par le calcul du Facteur de Consensus Informateur (FCI) ou Informant Consensus Factor définit par Heinrich et *al.*,1998. Les valeurs du FCI sont comprises entre 0 et 1. Une valeur élevée de FCI (plus proche de 1) est obtenue quand une seule ou un nombre réduit d'espèces sont citées par une grande proportion d'informateurs pour une catégorie de service spécifique. A l'inverse, sa valeur sera d'autant plus faible (plus proche de 0) quand une grande diversité d'espèces citées pour un même usage.

Le FCI est calculé par la formule suivante :

$FCI = \frac{Nur-Nt}{Nur-1}$ avec Nur = nombre de citations pour chaque catégorie, Nt = nombre d'espèces pour cette même catégorie.

❖ **Niveau de Fidélité (NF)**

En s'inspirant de l'utilisation du Niveau de Fidélité en ethnomédecine (Alexiades et Sheldon, 1996 ; Cheikhyoussef et *al.*, 2011 et Ugulu, 2012), nous avons défini le Niveau de Fidélité (NF) d'une espèce par rapport à différentes catégories d'usages.

$$NF = \frac{\text{Nombre de citations de l'espèce pour une catégorie}}{\text{Nombre de citations de l'espèce pour toutes les catégories}} \times 100$$

8.2- RESULTATS
8.2.1 – Les services écosystèmiques d'approvisionnement
Cortège floristique et valeurs d'usage des services écosystèmiques

Les populations pastorales vivant dans la réserve de biosphère du Ferlo ont listé les espèces ligneuses qui font l'objet d'usages. Ce cortège floristique est constitué de 44 espèces ligneuses, appartenant à 36 genres, relevant de 20 familles botaniques (**tableau 20**). Les familles les mieux représentées sont les Mimosaceae (8 espèces), les Caesalpiniaceae (6 espèces) et les Capparaceae (5 espèces).

Ces 44 espèces répertoriées contribuent à la fourniture de 6 catégories de services écosystèmiques d'approvisionnement : la nourriture, le fourrage, la pharmacopée traditionnelle, le bois d'énergie, le bois de construction et le bois d'artisanat.

Les valeurs d'usages des espèces (VU) qui permettent de mettre en évidence les espèces les plus utilisées, toutes catégories confondues, sont également reprises dans le Tableau 20. Les espèces qui présentent les VU les plus élevées sont *Grewia bicolor* (2,43), *Pterocapus lucens* (1,68), *Combretum glutinosum* (1,48), *Guiera senegalensis* (1,38), *Ziziphus mauritiana* (1,25),

Balanites aegyptiaca (1,23) et *Adansonia digitata* (1,20). La suprématie de *Grewia bicolor* s'explique par fait que cette espèce contribue à la fourniture des 6 catégories de services écosystèmiques d'approvisionnement identifiés dans la réserve de biosphère.

Tableau 20: Liste des espèces utilisées, les catégories de services et les valeurs d'usage (VU)

Familles	Genres	Espèces	Catégories de services	VU
Anacardiaceae	*Lannea*	*Lannea acida* A. Rich.	Bc	0,03
	Sclerocarya	*Sclerocarya birrea* (A. Rich) Hochst	Nr, Ph, Bc	0,15
Asclepiadaceae	*Calotropis*	*Calotropis procera* (Ait.) Ait. F.	Ph	0,03
Balanitaceae	*Balanites*	*Balanites aegyptiaca* (L.) Del.	Nr, Fr, Ph, Be	**1,23**
Bombacaceae	*Adansonia*	*Adansonia digitata* L.	Nr, Fr, Ph	**1,20**
	Bombax	*Bombax costatum* Pellegr. et Vuillet	Bc, Ba	0,20
Burseraceae	*Commiphora*	*Commiphora africana* (A. Rich.) Engl.	Ph	0,03
Caesalpiniaceae	*Bauhinia*	*Bauhinia rufescens* Lam.	Ph	0,03
	Cassia	*Cassia sieberiana* DC.	Ph	0,15
	Cordyla	*Cordyla pinnata* (Lepr.) Milne-Redhead	Ph	0,03
	Detarium	*Detarium microcarpum* Guill. Et Perr.	Ph	0,05
	Piliostigma	*Piliostigma reticulatum* (DC.) Hochst	Fr, Ph	0,05
	Tamarindus	*Tamarindus indica* L.	Nr, Ph,	0,08
Capparaceae	*Boscia*	*Boscia angustifolia* A. Rich.	Ph	0,05
		Boscia senegalensis (Pers.) Lam. Ex Poir.	Nr, Fr, Ph	0,33
	Cadaba	*Cadaba farinosa* Forsk.	Ph	0,03
	Capparis	*Capparis tomentosa* Lam.	Ph	0,05
	Crataeva	*Crataeva adansoni* DC	Ph	0,00
Celastraceae	*Maytenus*	*Maytenus senegalensis* (Lam.) Exell.	Ph	0,03
Combretaceae	*Anogeissus*	*Anogeissus leiocarpus* (DC) Guill et Perr	Ph, Be, Bc, Ba	0,33
	Combretum	*Combretum glutinosum* Perr. ex DC	Ph, Be, Bc	**1,48**
	Guiera	*Guiera senegalensis* J. F. Gmel.	Fr, Ph, Be, Bc, Ba	**1,38**
Ebenaceae	*Diopyros*	*Diospyros mespiliformis* Hoch. Ex A. DC	Nr, Ph	0,10
Euphorbiaceae	*Euphorbia*	*Euphorbia balsamifera* Ait.	Ph	0,05
Fabaceae	*Dalbergia*	*Dalbergia melanoxylon* Guill. et Perr.	Be	0,03
	Pterocarpus	*Pterocarpus erinaceus* Poir.	Fr, Ph, Bc	0,23
		Pterocarpus lucens Lepr. Ex Guill. et Perr.	Fr, Be, Bc, Ba	**1,68**
Meliaceae	*Azadirachta*	*Azadirachta indica* A. Juss.	Ph	0,03
Mimosaceae	*Acacia*	*Acacia pennata* (L.) Willd	Ph	0,03
		Acacia macrostachya Reich. ex. Benth.	Fr, Ph	0,08
		Acacia nilotica (L.) Willd. ex Del.	Ph	0,20
		Acacia senegal (L.) Willd	Nr, Fr, Ph	0,65
		Acacia seyal Del.	Ph, Be	0,13
	Entada	*Entada africana* Guill. et Perr.	Ph	0,03
	Prosopis	*Prosopis africana* (Guill.et Perr.) Taub.	Ph	0,03
		Prosopis juliflora (Sw.) DC.	Nr	0,03
Moraceae	*Ficus*	*Ficus iteophylla* Miq.	Ph	0,05

Moringaceae	Moringa	Moringa oleifera Lam.	Nr	0,03
Rhamnaceae	Ziziphus	Ziziphus mauritiana Lam.	Nr, Fr, Ph	**1,25**
		Ziziphus mucronata Willd.	Ph	0,03
Rubiaceae	Feretia	Feretia apodanthera Del.	Ph	0,03
	Mitragyna	Mitragyna inermis (Willd.) O. Ktze.	Ph, Bc, Ba	0,75
Sterculiaceae	Sterculia	Sterculia setigera Del.	Nr, Fr, Ph	0,45
Tiliaceae	Grewia	Grewia bicolor Juss.	Nr, Fr, Ph, Be, Bc, Ba	**2,43**

Nr = nourriture, Fr = fourrage, Ph = pharmacopée, Be = bois d'énergie, Bc = bois de construction, Ba = Bois d'artisanat

Facteurs de consensus des services écosystèmiques

Les facteurs de consensus informateur des ligneux pour les 6 catégories de services écosystèmiques d'approvisionnement ont été calculés et consignés dans le **tableau 21**.

Tableau 21: Facteur de Consensus Informateur (FCI) par catégorie d'usage

Catégories de services	Citations d'usages N_{ur}	% des expressions d'usages	Nombre d'espèces N_t	FCI
Nourriture	143	23,7	12	0,92
Fourrage	113	18,7	13	0,89
Pharmacopée	123	20,3	38	0,70
Bois d'énergie	96	15,8	7	0,94
Bois de construction	98	16,2	10	0,91
Bois d'artisanat	32	5,3	6	0,84

L'examen du tableau 21 montre qu'un large consensus se dégage autour de l'utilisation des arbres dans les six catégories de services écosystèmiques d'approvisionnement identifiés. Le niveau de consensus est très élevé pour les espèces sources de bois d'énergie (94%) et de nourriture (92%). Les populations s'accordent ainsi à un degré élevé sur les espèces qui sont indiquées pour ces services. Le consensus est plus faible pour la pharmacopée (70%) du fait de la diversité élevée d'espèces qui contribuent à ce service. En effet, la grande majorité des espèces inventoriées par les populations (38 sur 44) sont utilisées dans la pharmacopée traditionnelle.

Il apparait également, à la lecture du tableau 21, que la nourriture humaine est le premier service de prélèvement fourni par le peuplement ligneux avec 23,7% des expressions d'usage. Elle est suivie de la pharmacopée (20,3%), du fourrage (18,7%), du bois de construction (16,2%), du bois d'énergie (15,8%) et enfin du bois d'artisanat (5,3%).

Typologie des services écosystèmiques d'approvisionnement

Les services d'approvisionnement ou de prélèvement fournissent des biens dont les humains peuvent se nourrir ou faire usage pour répondre à leurs besoins en matière d'énergie, de santé et d'abri (Limoges, 2009). Dans la réserve de biosphère du Ferlo, les populations ont identifié 6 catégories de services écosystèmiques d'approvisionnement : la nourriture, le fourrage, la pharmacopée, le bois d'énergie, le bois de construction et le bois d'artisanat.

***8.2.1.1- La* nourriture**

Les ressources forestières constituent une source d'aliments pour les populations pastorales du Ferlo. Les 12 espèces ligneuses utilisées dans l'alimentation humaine, de même que les fréquences de citation et le niveau de fidélité sont consignés dans le **tableau 22**.

Parmi les espèces les plus utilisées par les populations dans l'alimentation humaine, trois se distinguent particulièrement avec des fréquences de citation élevées: *Ziziphus mauritiana* (97,5%), *Adansonia digitata* (92,5%) et *Balanites aegyptiaca* (85%). *Acacia senegal* avec une fréquence de citation de 42% est utilisée pour sa gomme qui est consommée mais dont la plus grande production est destinée à la vente. Ces quatre espèces préférées dans l'alimentation humaine ont des niveaux de fidélité assez élevés compris entre 65 et 78%.

De nombreuses parties des arbres sont utilisées dans l'alimentation humaine. Les parties les plus utilisées sont les fruits et les graines qui font l'objet d'un ramassage systématique. Les feuilles et la gomme sont également utilisées comme compléments alimentaires sur les plans qualitatif et quantitatif.

Tableau 22: Fréquence de citation et niveau de fidélité des espèces préférées dans l'alimentation et les parties utilisées

Espèces	Parties utilisées	Fréquence de citation en %	Niveau de fidélité en %
Ziziphus mauritiana	fruits, feuilles	97,5	78
Adansonia digitata	feuilles, fruits, graines	92,5	77,1
Balanites aegyptiaca	fruits, graines	85	69,4
Acacia senegal	Gomme	42,5	65,4
Sterculia setigera	Gomme	10	22,2
Grewia bicolor	fruits, feuilles	7,5	3,1
Tamarindus indica	fruits, feuilles	5	66,7
Boscia senegalensis	Fruits	5	15,4
Diospyros mespiliformis	Fruits	5	50
Sclerocarya birrea	Fruits	2,5	16,7
Prosopis juliflora	Fruits	2,5	100
Moringa oleifera	Feuilles	2,5	100

Très prisé pour ses fruits, *Ziziphus mauritiana* constitue un appoint alimentaire et une source de revenus pour les populations. La collecte des fruits incombe aux enfants et aux femmes. Les feuilles du baobab, *Adansonia digitata* sont séchées, réduites en poudre pour servir de sauce au couscous qui est l'aliment de base des peuls. La pulpe farineuse des fruits ou «pain de singe» est un succédané du lait accompagnant les bouillies de mil. Le fruit de baobab constitue un complément d'éléments nutritifs. Le fruit est très riche en acide ascorbique (73 mg de vitamine C pour 100g de pulpe) et en Thiamine (vitamine B1 : 0,38mg.100g^{-1}) ainsi qu'en potassium et en glucose (Baumer, 1995).

Les fruits de *Balanites aegyptiaca* sont régulièrement récoltés aussi bien pour la consommation domestique que pour la vente. Selon les pasteurs, les fruits constituent surtout une ressource de repli en période de soudure et une source importante de revenu.

Les espèces utilisées pour la consommation humaine sont également des sources de revenus pour les populations pastorales. Les fruits de *Ziziphus mauritiana*, *Adansonia digitata* et *Balanites aegyptiaca* et la gomme de *Acacia senegal* et *Sterculia setigera* sont souvent vendus dans les «marchés hebdomadaires» en zone tampon et en zone de transition de la réserve de biosphère du Ferlo. Les produits de la vente des fruits servent à l'achat de petits ruminants, de volaille, d'habits et à la satisfaction d'autres besoins personnels surtout pour les femmes.

8.2.1.2- Le fourrage vert

Sur les parcours de la réserve de biosphère, les ligneux fourragers jouent un rôle de première importance dans l'alimentation du bétail et de la faune sauvage. En effet, de nombreux arbres sont très recherchés surtout en saison sèche par le bétail et la faune sauvage qui en broutent feuilles, les rameaux, les fruits et les fleurs. La **figure 32** matérialise les fréquences de citation et le niveau de fidélité des 13 espèces les plus utilisées dans l'alimentation des animaux, mais également les plus appétées par le bétail.

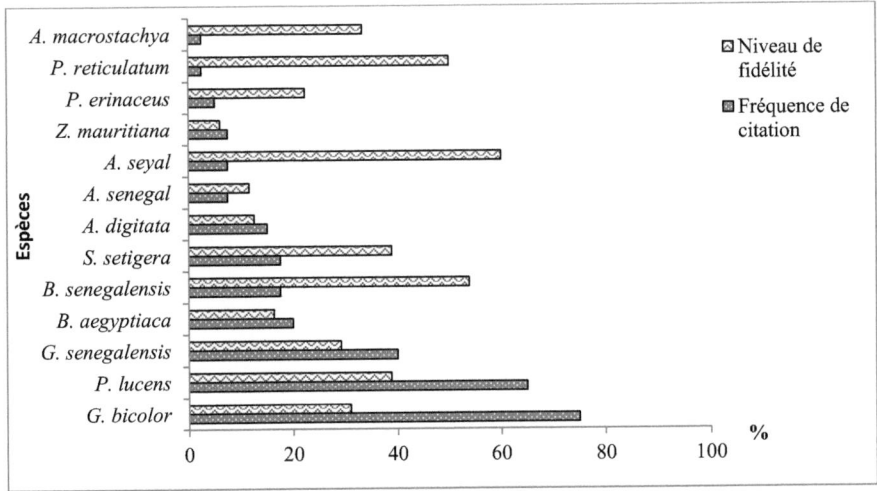

Figure 32: fréquence de citation et niveau de fidélité des espèces utilisées dans l'alimentation du bétail

L'examen de la figure 32 montre que *Grewia bicolor, Pterocarpus lucens* et *Guiera senegalensis* sont les trois espèces les plus utilisées comme fourrage avec des fréquences de citation respectives de 75%, 65% et 45%. Cependant les niveaux de fidélité de ces espèces (30% pour *G. bicolor*, 38% pour *P. lucens* et 29% pour *G. senegalensis*) révèle que le fourrage ne constitue qu'un des nombreux services qu'elles procurent. A plus de 65%, ces espèces sont citées par les répondants pour d'autres usages ; ce sont des espèces à usages multiples. Par contre, avec des niveaux de fidélité qui frôlent les 60%, *A. senegal, P. reticulatum* et *B. senegalensis* sont plus utilisées pour le fourrage que pour les autres services.

Les deux espèces les plus appréciées par les répondants sont également les plus élaguées par les bergers mais avec une inversion de l'ordre de préférence; *P. lucens* (80%) et *G. bicolor* (70%) (**figure 33**). Ces deux espèces constituent un excellent fourrage pour l'alimentation des bovins, des ovins mais également des équins, ce qui explique que ces arbres sont souvent émondés et ébranchés dans cette zone sylvopastorale du Ferlo. *G. senegalensis* qui est la troisième espèce la plus appétée (40 % de fréquence de citation) est très peu élaguée par les bergers (5% de fréquence de citation) parce que ses branches sont accessibles aux petits ruminants.

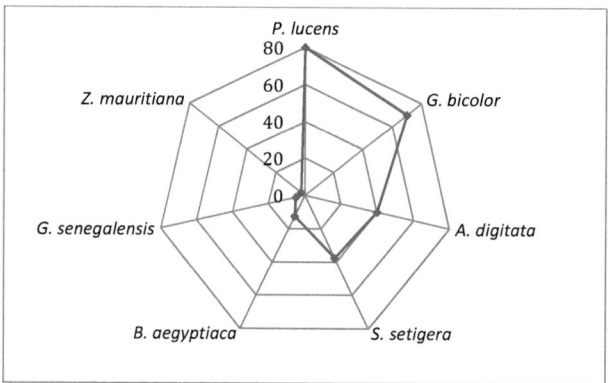

Figure 33: fréquence de citation des espèces les plus élaguées

Balanites aegyptiaca, Adansonia digitata et *Sterculia setigera* sont appétées surtout en fin de saison sèche lorsque les deux espèces (*G. bicolor* et *P. lucens*) les plus appétées perdent une bonne partie de leurs feuilles. D'ailleurs, *Adansonia digitata* et *Sterculia setigera* sont les espèces les plus élaguées après *G. bicolor* et *P. lucens* parce que leurs feuilles sont encore vertes au moment où la majorité des espèces du Ferlo perdent leurs feuilles par adaptation au manque d'eau du sol.

8.2.1.3 La pharmacopée traditionnelle
❖ **La pharmacopée traditionnelle**

Les populations pastorales du Ferlo ont des connaissances très précises sur les maladies humaines et du bétail ainsi que les plantes à utiliser pour les guérir. Les espèces les plus utilisées dans la pharmacopée traditionnelle sont répertoriées dans le **tableau 23**.

Tableau 23: Espèces les plus utilisées dans la pharmacopée et leur fréquence de citation

Espèces	FC %	NF %	ROLES	
			pathologies humaines	pathologies animales
Combretum glutinosum	45	30,5	rhume, paludisme, plaie, problèmes vision	Parasites intestinaux
Ziziphus mauritiana	22,5	18	maladies vénériennes, tension, diarrhée	
Acacia nilotica	20	100	maux de ventre	plaie, dermatose, diarrhée
Guiera senegalensis	17,5	12,7	rhume, constipation, céphalée, maux de ventre	X
Sterculia setigera	17,5	38,9	constipation, diarrhée, lèpre, syphilis	anémie bovins
Cassia sieberiana	15	100	constipation, maux de ventre, manque de virilité	
Acacia senegal	15	23,1	plaie, vers intestinaux, dermatose	
Balanites aegyptiaca	15	12,2	rhumes, ulcères d'estomac	X
Adansonia digitata	12,5	10,4	dysenterie, diarrhée, fièvre	maux ventre, malnutrition
Pterocarpus erinaceus	12,5	55,6	anémie, fatigue	X

Espèce	FC	NF	Indications	
Boscia senegalensis	10	30,8	hépatites, problème vision	
Grewia bicolor	10	4,1	fatigue physique	X
Sclerocarya birrea	10	66,7	fièvre, morsures venimeuses, tension	morsures venimeuses
Anogeissus leiocarpus	7,5	23,1	Syphilis	constipation
Acacia macrostachya	5	66,7	Laxatif	
Acacia seyal	5	40	syphilis,	infection
Boscia angustifolia	5	100	céphalées, maux de ventre	
capparis tomentosa	5	100	maladies vénériennes	
Detarium microcarpum	5	100	dysenterie, diarrhée, lèpre	
Diospyros mespiliformis	5	50	Paludisme, fièvre	X
Euphorbia balsamifera	5	100	maux de ventre	
Ficus iteophylla	5	100	Fatigue	
Mitragyna inermis	5	6,7	chaude pisse, MST	
Acacia pennata	2,5	100	maux de dent	constipation
Azadirachta indica	2,5	100	fièvre	
Bauhinia rufescens	2,5	100	Plaies	
Cadaba farinosa	2,5	100	toux, rhumes, dysenterie	
Commiphora africana	2,5	100	X	
Cordyla pinnata	2,5	100	Maigreur	
Crataeva adansoni	2,5	100	X	
Entada africana	2,5	100	X	
Feretia apodanthera	2,5	100	X	
Maytenus senegalensis	2,5	100	fertilité, maux de ventre	
Piliostigma reticulata	2,5	50	maux de ventre	plaie
Prosopis africana	2,5	100	X	rétention d'urine, maux de ventre
Tamarindus indica	2,5	33,3	X	
Ziziphus mucronata	2,5	100	Tension	rétention d'urine

FC : Fréquence de citation, NF : Niveau de fidélité X : indications pathologiques non précisées

L'examen de ce tableau montre que presque toutes les espèces rencontrées dans la zone sont utilisées par les éleveurs soit dans la médecine humaine soit dans la médecine animale et une large gamme de pathologies est soignée. En effet, 38 des 44 espèces citées par les répondants sont utilisées dans la pharmacopée traditionnelle.

Combretum glutinosum est l'espèce la plus utilisée avec une fréquence de citation de 45%. Cette espèce tire sa primauté de ses divers usages médicinaux contre bons nombre de pathologies fréquentes dans la zone: paludisme, toux, rhume, plaies. *Ziziphus mauritiana* est la deuxième espèce préférée pour la pharmacopée avec une fréquence de citation de 22,5%. Cependant le niveau de fidélité de cette espèce (18%) révèle que la pharmacopée constitue un usage secondaire. Il importe de noter que plus de la moitié des espèces utilisées dans la pharmacopée ont un niveau de fidélité de 100%, c'est à dire qu'elles ne contribuent à aucun autre service écosystèmique d'approvisionnement.

Les pathologies les plus communément soignées chez l'homme sont les maux de ventre, le rhume, la constipation, la fièvre et la fatigue physique. Concernant le bétail, les pathologies cité par les répondants sont les infections parasitaires, les dermatoses, l'anémie, les maux de ventre, la diarrhée, la constipation...etc.

Les parties de la plante les plus utilisées sont les écorces, les feuilles et les racines avec des fréquences de citation respectives de 56%, 51% et 34% (**figure 34**). Les fruits (10%), la gomme (7%) les fibres (5%) et le latex (5%) sont également utilisés dans une moindre mesure.

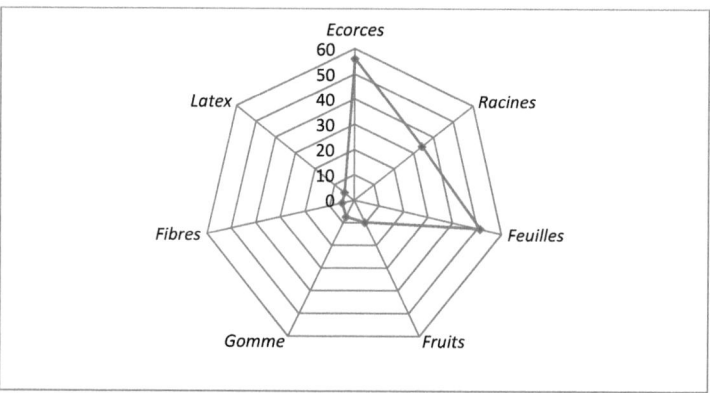

Figure 34: Les parties des arbres utilisées dans la pharmacopée traditionnelle

8.2.1.4- *Le bois* d'énergie

Dans la réserve de biosphère du Ferlo, le combustible ligneux sous forme de bois de feu ou de charbon de bois est la principale source d'énergie domestique. En effet, 95% des ménages enquêtées utilisent le bois comme unique source d'énergie car ils n'ont souvent pas les moyens de recourir à d'autres sources d'énergie. Cependant, toutes les espèces ne sont pas utilisées pour bois de feu, car sur les 44 espèces répertoriées par les répondants, seules 7 sont utilisées comme bois de feu ou charbon de bois. Des préférences sont clairement précisées par les femmes pour certaines espèces (**figure 35**).

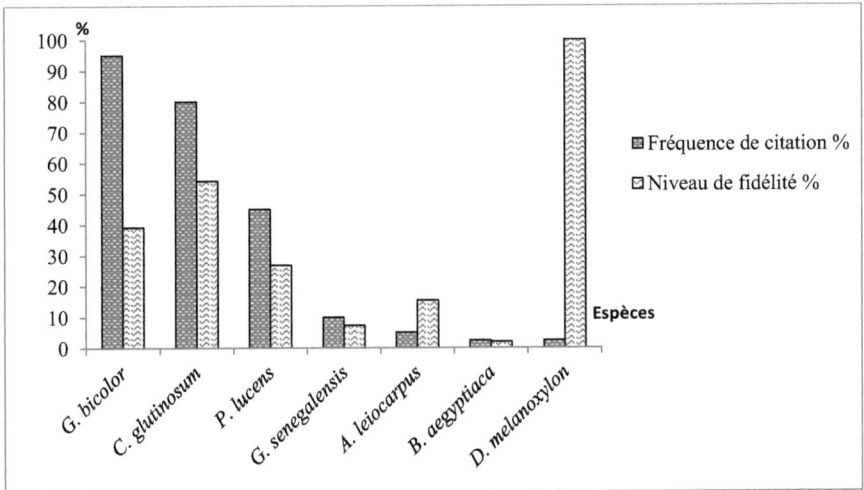

Figure 35: fréquence de citation et niveau de fidélité des espèces utilisées comme bois d'énergie

Les ligneux préférés pour bois de feu sont *Grewia bicolor*, *Combretum glutinosum* et *Pterocarpus lucens* avec des fréquences de citation respectives de 95%, 80% et 45%. Parmi les nombreuses raisons évoquées pour expliquer ce choix on peut noter les caractéristiques physiques du bois (dureté, densité, potentiel calorifique), la commodité (peu de fumée et plus de flamme), la disponibilité de ces trois espèces et l'obtention d'un sous-produit (charbon de bois). Les niveaux de fidélité de ces trois espèces les plus utilisées pour le bois d'énergie montrent que ces espèces sont également mobilisées dans la fourniture d'autres services écosystémiques d'approvisionnement.

Guiera senegalensis (10% de fréquence de citation) est également utilisé comme bois de seconde qualité. *Dalbergia melanoxylon* avec une fréquence de citation très faible (2,5%) a un niveau de fidélité de 100% parce qu'elle est exclusivement utilisée dans la fourniture de bois d'énergie.

Cependant il faut noter que certaines espèces telles que *Mitragyna inermis*, *Bombax costatum* et dans une moindre mesure *Anogeissus leiocarpus* ne sont presque jamais utilisées comme bois de chauffage pour des raisons sociales et culturelles. Dans certains villages, les répondants estiment que l'utilisation du bois de *Bombax costatum* et *Anogeissus leiocarpus* attire les mauvais esprits.

Le mode de collecte est le ramassage du bois mort par les femmes. Dans certains ménages la charrette est utilisée pour constituer des stocks de 4 à 7 jours selon la taille du ménage. Les distances de ramassage varient de 0,5 à 1 km de rayon autour des petits villages. Par contre pour les grands villages tel que Vélingara, le ramassage s'effectue sur une auréole pouvant atteindre jusqu'à 8 km de rayon (Ngom, 2008).

D'autres sources d'énergie telles que les bouses de vaches et le gaz sont utilisées par 5% des enquêtés. L'utilisation des bouses de vaches n'est que sporadique et serait liée soit à la paresse, soit à une rupture brutale du stock de bois du ménage. Le gaz n'est utilisé que dans les grands villages ou centres urbains par les femmes qui s'adonnent à la restauration.

8.2.1.5- Le bois de construction

Les espèces préférées pour la satisfaction des besoins en bois de service et de construction sont consignées dans la **figure 36**. Les populations de la réserve de biosphère du Ferlo ont identifiées 10 espèces ligneuses qui contribuent à la fourniture de bois de service et de construction.

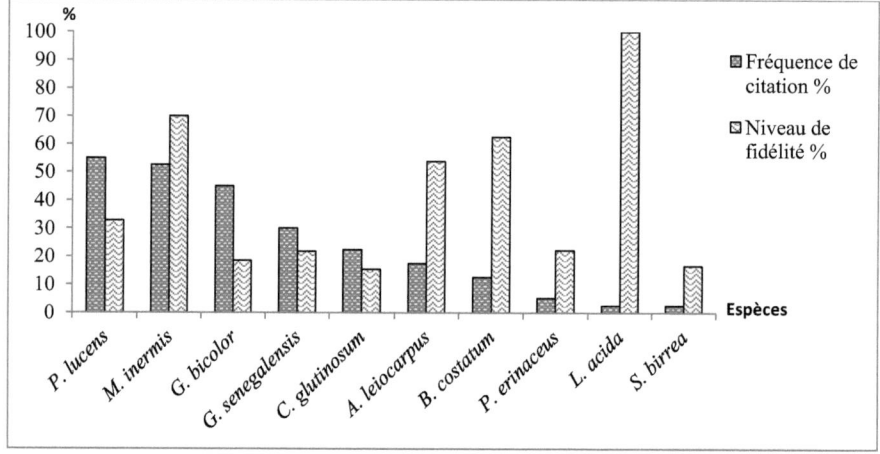

Figure 36: fréquence de citation et niveau de fidélité des espèces utilisées pour bois de construction

Les espèces les plus utilisées sont *Pterocarpus lucens*, *Mitragyna inermis* et *Grewia bicolor* avec des fréquences de citation respectives de 55%, 52% et 45% (figure 36). Le choix de ces espèces serait lié à la dureté leurs bois et à leur résistance aux termites. Contrairement à *P. lucens* et *G. bicolor* qui ont des niveaux de fidélité assez faible (32 et 18%), *Mitragyna inermis* est une espèce qui présente un niveau de fidélité de 70%, par conséquent elle contribue plus à la fourniture de bois de construction qu'aux autres catégories de services écosystèmiques identifiées. *Lannea acida* avec une fréquence de citation très faible (2,5%) a un niveau de fidélité de 100% parce qu'elle est exclusivement utilisée dans la fourniture de bois de service et de construction.

Les besoins en bois de service concernent les poteaux, les perches et les piquets. Ces matériaux sont utilisés surtout dans la construction ou la réfection des cases et des greniers, la confection d'enclos, de clôture et de toiture.

8.2.1.6- Le bois d'artisanat

Les espèces préférées pour la satisfaction des besoins en bois d'artisanat sont consignées dans la **figure 37**. Les populations ont répertoriées seulement 6 espèces ligneuses qui contribuent à la fourniture de bois d'artisanat. Cette faible diversité parait lier au fait que l'artisanat est une activité socio-économique secondaire dans la réserve de biosphère.

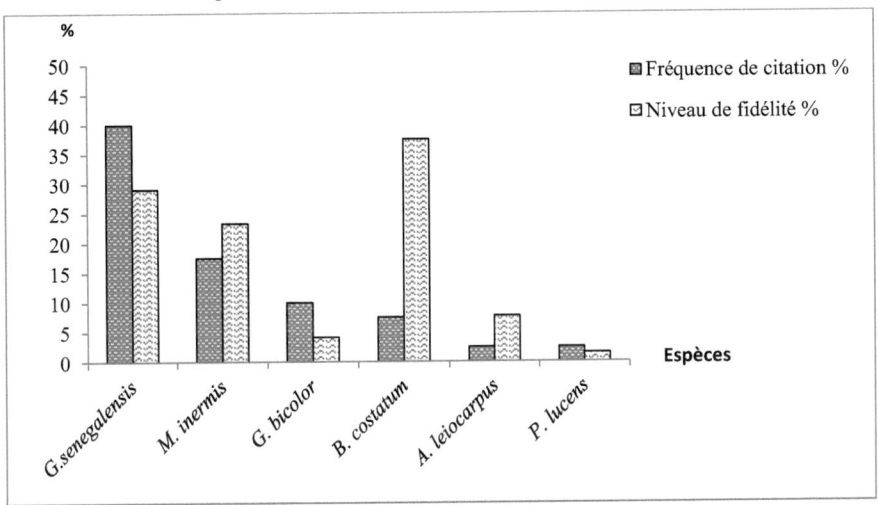

Figure 37: fréquence de citation et niveau de fidélité des espèces utilisées pour bois d'artisanat

Les principales espèces concernées sont *Guiera senegalensis* (69,6% de fréquence de citation) pour la confection des lits, *Mitragyna inermis* (30,4%) pour les bancs, les mortiers et les lits et *Grewia bicolor* (17%) pour les lits et les pilons. Ces trois espèces présentent des niveaux de fidélité relativement faibles (29%, 23% et 4%) parce qu'elles contribuent à d'autre catégories de services écosystèmiques (fourrage, pharmacopée, bois d'énergie, bois de construction).

Les objets d'artisanat confectionnés par les éleveurs peuls sont surtout utilitaires et destinés à l'usage personnel : lits, bancs, mortiers, pilons, cordes, nattes et chaises.

8.2.1.7- *Les mares, source d'eau*

La réserve de biosphère du Ferlo appartient à zone sylvopastorale qui est la principale région d'élevage du Sénégal. Dans cette zone, les mares, nombreuses et de dimensions différentes sont très fréquentes. Ce sont des cuvettes ou de petites dépressions qui recueillent les eaux de ruissellement pendant la saison pluvieuse. Les mares jalonnent souvent le tracé des cours d'eau disparus dont l'ancien lit est plus ou moins remblayé par des apports éoliens et des matériaux entraînés par les eaux de ruissellement.

Les mares qui sont généralement temporaires (2 à 3 mois après la saison des pluies) constituent les seuls points d'abreuvement des populations, et du cheptel pendant la saison des pluies. Les zones d'habitations étaient organisées, conditionnées même, autour d'une mare ou d'un système de mares. La richesse de la toponymie des populations locales (en majorité des Peul) indique d'ailleurs la diversité et de la valeur pastorale de ces mares. Chacune d'elles porte un nom qui permet de la distinguer d'une autre et aussi de la caractériser selon son importance, la végétation autour, les animaux particuliers qui les fréquentent (Diop et al, 2004).

Il faut noter que les mares constituent les seules sources d'alimentation de la faune sauvage de la réserve de faune pendant la saison pluvieuse. Elles constituent également des lieux de repos du cheptel domestique et de l'avifaune. En effet, la présence des grands arbres autour des mares fournit un ombrage qui attire les animaux à certaines heures de la journée.

Les mares sont d'une telle importance au Ferlo, que les populations ont des indicateurs pour jauger leur qualité. La présence de nénuphars (*Nymphea sp*) dans une mare est signalée dans certains villages de la réserve de biosphère comme étant un signe de mauvaise qualité des eaux, ce qui est en contradiction avec les travaux de Ba (1982) chez les Foulani de Mauritanie qui considèrent la présence de nénuphars comme indicatrice des meilleures mares naturelles. Les mares dont la turbidité est élevée sont à éviter selon les éleveurs car cela provoque chez le bétail une maladie appelée localement «Yarguitel» qui se manifeste par un «enfoncement des yeux et un amaigrissement de l'animal». Pour tester la qualité des mares, certains gouttent l'eau; si elle est «salée et amer» cela signifie qu'elle est de bonne qualité et toutes les vaches qui la boiront seront en chaleur. La présence de certaines plantes ligneuses dans les mares renseigne sur leur qualité. Pour certains, *Mitragyna inermis* et *Acacia nilotica* seraient indicateurs d'une bonne qualité des eaux pour les animaux, contrairement à *Anogeissus leiocarpus* qui «souille» les mares.

8.2.2 – Les services de régulation

Les services de régulation sont les avantages découlant de la régulation des processus écosystèmiques. Ils profitent indirectement aux humains en contrôlant certains paramètres environnementaux tels que le climat, le débit des rivières ou la qualité de l'air. Ces services sont moins évidents à appréhender par les populations pastorales du Ferlo que les services de prélèvement.

8.2.2.1- La régulation du climat local

Les populations pastorales de la réserve de biosphère du Ferlo ont une parfaite connaissance de l'importance des écosystèmes dans la régulation du climat. Elles possèdent des connaissances écologiques traditionnelles qui sont conservées par la mémoire collective. Le savoir traditionnel des populations subdivise les types de temps en cinq saisons climatiques au lieu des deux saisons distinguées par la climatologie conventionnelle au Sénégal (Ngom, 2008). Le cycle des cinq (5) saisons en langue fulfuldé comprend *Dabundé* (mi novembre à février), *Ceddu* (mars à avril), *Setselle* (avril à juin), *Ndungu* (de juin à octobre) *et Kaulé* (mi octobre à mi novembre). Les critères de discrimination de ces différentes saisons intègrent les variations des températures, l'évolution des disponibilités en eau, l'évolution des quantités et valeurs qualitatives des fourrages, la phénologie des arbres.

Les populations soulignent l'influence exercée par les écosystèmes sur les températures. Selon elles, la végétation entraîne une baisse des températures, dans une zone où la valeur des températures moyennes annuelles est 29,29°C (Ngom, 2008). Elles reconnaissent également l'influence de la végétation sur l'importance des précipitations. Mais, les changements dans la structure des écosystèmes forestiers peuvent affecter en retour la pluviométrie.

Grace à des signaux locaux qu'elles maîtrisent parfaitement, les populations utilisent des éléments de l'écosystème pour prédire le climat. En *Setselle* ou saison pré-pluvieuse, l'apparition des feuilles chez *Sterculia setigera* et *Adansonia digitata* est un signe annonciateur de l'arrivée des premières pluies. La floraison et le bourgeonnement de *Pterocarpus erinaceus* annoncent la fin de *Setselle* et le début de *Ndungu*. Les éleveurs signalent que l'apparition de certains oiseaux et la direction du vent permettent de différencier les différentes saisons de leur calendrier. Ces indicateurs permettent aux éleveurs du Ferlo de prévoir l'arrivée des premières pluies, d'organiser les mouvements de transhumance et de prendre des décisions socio-économiques rationnelles. Les connaissances locales sur le climat et ses variations spatio-temporelles constituent ainsi un élément fondamental de prévision pour les pasteurs et agro-pasteurs du Ferlo. Selon Niamir (1996), l'étude des origines du calendrier traditionnel nous apprend des détails intéressants sur l'organisation des activités. Les noms des saisons se réfèrent habituellement aux caractéristiques principales du climat (pluie, sécheresse), à des activités agro-pastorales précises ou à des événements à caractère social qui ont lieu pendant la période donnée.

8.2.2.2- La régulation de l'érosion et le maintien de la fertilité

Les communautés locales du Ferlo reconnaissent bien des types de sols différents par leurs potentialités agricoles et pastorales. Selon elles, la couleur et la structure du sol sont des signaux qui renseignent sur la nature et la qualité des sols. La couleur noire est caractéristique des sols lourds, fertiles appelés « *baldjol* » en peul alors que les sols légers, lessivés, bruns encore appelés *«seeno»* sont pauvres.

Elles appréhendent parfaitement l'influence exercée par les écosystèmes sur la magnitude des eaux de ruissellement, des inondations et l'alimentation des nappes aquifères, notamment en termes de potentiel de stockage d'eau de l'écosystème. Ainsi, elles rappellent souvent au cours des enquêtes l'impact d'une bonne santé des écosystèmes sur la lutte contre l'érosion des sols. La végétation permet d'éviter l'érosion hydrique fréquente du fait des pluies souvent violentes. Elle joue un rôle fondamentale dans le processus de formation des sols en faisant éclater les particules de roches et en enrichissant le sol par des matières organiques provenant de ses parties aériennes et souterraines (FAO, 1992).

Les enquêtes ont révélé que le ravinement le long des vallées mortes du Ferlo s'est fortement accentué du fait d'une coupe excessive des arbres qui sont des stabilisateurs du sol et qui empêchent l'érosion de celui-ci. En effet, la destruction du couvert végétal dans les galeries forestières du Ferlo expose le sol aux effets desséchants d'un vent chaud et sec. Les végétaux (herbe et arbres) empêchent la perte des sols et l'envasement des vallées dus à l'action du vent et de la pluie (WRI, 2008).

Les communautés locales ont également une parfaite connaissance des interactions entre la végétation, la faune et la qualité des sols. En effet, la présence de *Combretum glutinosum* a été signalée par certains éleveurs comme un indice d'infertilité des terres. De l'avis de certains agro-pasteurs, la prolifération des adventices comme *Striga hermontica* et *Mitracarpus scaber*, est caractéristique des sols pauvres, épuisés par plusieurs années de culture. La graminée *Cenchrus biflorus* est perçue comme indicatrice de sols de mauvaise qualité contrairement à une autre herbacée *Schoenfeldia gracilis* qui caractérise des sols de bons pâturages. D'autres indices tels que la proximité d'une mare, la densité des arbres sont révélateurs de la fertilité des terres. Par contre, l'abondance de petites fourmis noires est indicatrice de la mauvaise qualité des sols souvent soumis à une forte érosion.

Les agro-pasteurs reconnaissent également des espèces d'arbres dont la présence permet d'améliorer la fertilité des terres. Selon eux, certains ligneux tels que *Balanites aegyptiaca, Combretum glutinosum* et *Piliostigma reticulatum* contribuent à améliorer significativement la fertilité des terres. En effet, la litière produite par ces espèces constitue une fumure organique. Cependant, ils diront que certaines espèces telles que *Adansonia digitata, Sterculia setigera* et *Sclerocarya birrea* sont néfastes aux cultures.

8.2.3 – Les services culturels

Les services culturels sont les bienfaits non matériels que procurent les écosystèmes à travers l'enrichissement spirituel, le développement cognitif, la réflexion, les loisirs et l'expérience esthétique, tels que les systèmes de savoir, les relations sociales et les valeurs esthétiques (MEA, 2005). Les populations du Ferlo ont identifié les services culturels de la réserve de biosphère. Il s'agit notamment des loisirs, du tourisme, des lieux de culte et de la valeur éducative.

8.2.3.1- Le tourisme et la valeur spirituelle et religieuse

Le tourisme est peu développé et reste embryonnaire dans la réserve. Il reste limité aux zones amodiées surtout au niveau de la partie sud de la réserve. Il est constitué par un tourisme de vision pour les espèces protégées et par la chasse contrôlée pour les espèces autorisées. Cependant, le potentiel écotouristique de la zone est énorme. En effet, le Ferlo est la seule zone de refuge des autruches à cou rouge qui existe dans le Sahel et renferme beaucoup d'espèces végétales et animales endémiques (Ngom, 2011).

Les populations ont identifié des sites sacrés dans certains villages en zone de transition de la réserve de biosphère. C'est le cas du village de Mbem-Mbem où les populations éprouvent une satisfaction spirituelle dérivée de ce site sacré.

Il faut également noter que pour des raisons culturelles certaines ressources peuvent être interdites à l'exploitation. Des espèces ligneuses telles que *Mitragyna inermis, Bombax costatum* et dans une moindre mesure *Anogeissus leiocarpus* ne sont presque jamais utilisées comme bois de chauffage pour des raisons sociales et culturelles. Dans le village de Sessoum il nous a été rapporté que l'utilisation du bois de *Bombax costatum* et *Anogeissus leiocarpus* attire les mauvais esprits.

Les populations pastorales n'occultent pas la valeur d'existence des écosystèmes, c'est-à-dire la valeur tirée par des individus du fait qu'ils savent qu'une ressource existe, même s'ils ne l'utilisent jamais. Au Ferlo il apparait nettement une croyance populaire comme quoi toutes les espèces valent la peine d'être protégées quelle que soit leur utilité pour les êtres humains.

8.2.3.2- La valeur éducative des écosystèmes

Les écosystèmes sylvopastoraux du Ferlo ont également une valeur éducative et leurs composantes fournissent une base pour l'éducation. En effet, la réserve de biosphère constitue un site d'éducation et de sensibilisation des communautés locales environnantes. Le secteur forestier de Ranerou et la Direction de la Réserve de Faune du Ferlo nord organisent régulièrement des olympiades sur l'Environnement et la Gestion des ressources naturelles pour les élèves du Collège d'Enseignement Moyen de Ranerou. Un programme d'éducation environnementale a été mis en œuvre pour les élèves de l'élémentaire en collaboration avec les Directeurs d'Ecole de la zone tampon et de la zone de transition. Les partenaires comme Estacion Expérimantal des Zonas Aridas (EEZA) du royaume d'Espagne et la SOPToM (Société pour l'Observation et la Protection des Tortues terrestre sulcata et leurs Milieux) en collaboration avec la direction de la Réserve de Faune du Ferlo Nord ont mis en place une programme de sensibilisation et d'éduction environnementale dans les écoles de la Réserve de Faune du Ferlo Nord sous forme de formations (enseignants et élèves), concours de dessins des animaux sauvages et de théâtre sur les thèmes gestion de l'environnement pendant les journées de célébration annuelles de la réintroduction des gazelles et des tortues sous le jargon, « fête de la gazelle » et « fête de la tortue », et les intérêts de la réintroduction des espèces sahélo sahariennes.

8.2.4– Pratiques paysannes et gestion des services écosystèmiques

Les communautés humaines utilisent de nombreux biens et services que procurent les écosystèmes et, de ce fait, les modifient. En retour, elles ajustent leurs usages aux modifications qu'elles perçoivent, et améliorent leurs pratiques de gestion pour le maintien des services écosystèmiques.

8.2.4.1- L'aménagement des parcours et des mares

La seule pratique d'aménagement des parcours des éleveurs du Ferlo est la technique de feux précoces. Ces feux permettent de supprimer les hautes herbes telles que *Andropogon gayanus*,

Andropogon pseudapricus et *Pennisetum pedicellatum* et faciliter la circulation du bétail. Selon les éleveurs, ces feux intentionnels favorisent aussi les repousses d'herbes pérennes qui renouvellent les ressources fourragères fraîches mais ils permettent également d'éliminer les insectes vecteurs de maladies du cheptel.

La coupe des arbres est aussi assez intense en fin d'hivernage. Elle contribue à l'éclaircissement et à l'assainissement des pâturages de savane mais fournit aussi du bois de service. En effet, c'est en fin d'hivernage que les populations procèdent à la réfection des clôtures et à la construction d'enclos.

Les grands éleveurs gèrent les pâturages en fractionnant leurs troupeaux et en les répartissant en groupe homogène d'espèces qui correspondent aussi à des besoins différents en fourrage. Les bovins sont en souvent séparés des petits ruminants (caprins, ovins) qui pâturent généralement sur les plateaux cuirassés.

L'aménagement des mares n'est pas une pratique courante chez les éleveurs du Ferlo. Seuls 25% des enquêtés affirment avoir été impliqués dans le processus d'aménagement des mares et des pâturages, avec l'appui du Projet d'Appui à l'Elevage (PAPEL) dans les Unités Pastorales.

8.2.4.2 - La mobilité comme stratégie de gestion

La transhumance ou le déplacement saisonnier des troupeaux entre différents pâturages est une stratégie bien pratiquée. Elle permet aux éleveurs de s'adapter aux fortes disparités spatio-temporelles des ressources hydrauliques et pastorales. La satisfaction des besoins alimentaires du bétail est donc tributaire de la pluviosité qui détermine directement la productivité des pâturages accessibles aux troupeaux (Banoin & Jouve, 2000).

Cette stratégie de mobilité assez commune dans tout le Sahel africain est adoptée par 75% des éleveurs de la zone d'étude qui la considère comme une forme de rotation des pâturages. Par cette répartition saisonnière rotative des charges animales dans l'espace, la mobilité permet l'exploitation judicieuse des parcours. Elle permet aussi l'entretien d'effectifs de cheptel beaucoup plus importants qu'auraient autorisés des zones fermées, sans dommages irréversibles pour l'environnement, (Touré, 1997). Les éleveurs de la zone prennent généralement la direction du Saloum en *setselde* (fin de saison sèche) pour ne revenir qu'en plein hivernage. Les principales raisons citées, qui poussent les éleveurs vers d'autres zones sont la recherche de pâturages en qualité et en quantité, la recherche de points d'eau mais également la sauvegarde du bétail contre la forte mortalité due à l'ingestion de la légumineuse *Zornia glochidiata* dans sa période immature en début d'hivernage. Cependant d'autres critères interviennent dans la décision de transhumer. En effet, dans certains villages les transhumants vont au Saloum en fin d'hivernage pour faire bénéficier leurs animaux des résidus de récoltes disponibles sur place, mais également parce qu'en plus de leur activité d'élevage, ils s'intègrent dans des travaux de métayers agricoles (Suurga) leur permettant de gagner des ressources financières additionnelles.

Bien que les ¾ des éleveurs partent en transhumance, la zone tampon et la zone de transition de la réserve de biosphère constituent également une destination de transhumants venant surtout de Dahra ou du Walo. Les rapports entre ces derniers et les populations autochtones sont parfois marqués de heurts en ce qui concerne la gestion des ressources naturelles.

8.2.4.3 - Les techniques d'élagage des ligneux fourragers

L'élagage est une pratique qui consiste à couper les branches hautes des arbres, et les coucher à terre à la disposition des bovins et des petits ruminants. C'est une pratique très courante chez les éleveurs du Ferlo surtout en saison sèche, soit que le fourrage herbacé est appauvri par sa forte dessication ou qu'il est détruit par les feux de brousse ou encore qu'il ne suffit plus à satisfaire l'appétit du bétail. 95% des éleveurs enquêtés s'adonnent à cette pratique, qui selon eux n'est pas destructrice quand elle est bien effectuée. 87,5% ont cité des techniques particulières qu'ils considèrent d'un bon élagage: orientation du sens de la coupe des branches vers les haut, couper les petites branches secondaires, élaguer quelques branches (2 à 3 branches) par arbre et éviter de couper intégralement l'arbre, couper à partir de 3 m au dessus de la première branche, couper les branches terminales d'un seul côté de l'arbre, effeuiller une partie de l'arbre, ne pas couper plus du ¼ de l'arbre. Selon les éleveurs ces savoirs locaux permettent de mettre à la disposition des animaux du fourrage frais, sans pour autant hypothéquer la capacité de régénération des arbres.

Les espèces les plus élaguées sont *Pterocarpus lucens* et *Grewia bicolor* avec des fréquences de citation respectives de 80% et 70%. Ces choix s'expliquent aussi bien par la disponibilité que par l'appétibilité de ces deux espèces.

Les autochtones imputent les mauvaises pratiques d'élagage aux transhumants qui coupent sévèrement les arbres en les mutilant par ébranchage intégral. Ces mauvaises pratiques ont de graves conséquences sur la survie des arbres. Les effets pervers sont nombreux : dépérissement de l'arbre consécutif à la perte des feuilles (*Sterculia setigera*), baisse de la production des fruits entraînant celle de la régénération naturelle (*Adansonia digitata*), etc.

8.2.4.4- Le défrichement

Les défrichements d'écosystèmes forestiers pour répondre aux besoins d'extension de l'espace agricole sont très pratiqués par les populations du Ferlo. La colonisation agricole active dans la partie sud de la réserve de biosphère, l'accroissement démographique et l'épuisement des sols qui réduit les surfaces cultivables, induisent l'accroissement des défrichements au détriment des aires réservées traditionnellement aux pâturages. Par ailleurs depuis la sécheresse de 1984, les populations qui, traditionnellement n'avaient que l'élevage comme activité, ont commencé à adopter l'agriculture en seconde activité. Cette pratique de l'agriculture est considérée par les anciens éleveurs exclusifs peuls comme un volet de sécurisation et de gestion des risques en cas de perte du bétail ou de transhumance forcée et prolongée des troupeaux, les récoltes pouvant alors assurer l'alimentation familiale.

Le défrichement nécessite une autorisation de la Communauté Rurale d'après les textes de loi sur la décentralisation. 71,4 % des paysans adressent bien une demande d'autorisation mais à l'agent technique du service des Eaux et Forêts. Ceci reste non conforme à la loi sur la décentralisation. 28,6% des exploitants défrichent sans chercher d'autorisation ni auprès de la Communauté Rurale, ni auprès du service des Eaux et Forêts. Certains d'entre eux se limitent à l'accord du chef de village, responsable de l'organisation du terroir villageois.

Lors des défrichements, certaines espèces comme *Guiera senegalensis* et *Combretum glutinosum* sont le plus souvent coupés à ras alors que les grands arbres sont épargnés. Les gommiers (*Acacia senegal*) sont aussi épargnés dans les champs parce qu'ils font l'objet d'une exploitation par les hommes.

8.2.4.5- La jachère

La jachère consiste à laisser une terre au repos pendant deux ou plusieurs années, afin de restaurer la fertilité du sol perdue suite à une mise en valeur plus ou moins prolongée. La jachère est par conséquent une mesure visant l'amélioration de la productivité agricole. Elle est pratiquée par 51,3% des exploitants enquêtés dans la partie sud de la réserve de biosphère (Communauté Rurale de Vélingara-Ferlo). Les 48,7% qui ne la pratiquent pas avancent surtout la contrainte de manque de terres. Les jachères sont de courte durée, avec une moyenne de trois ans. De l'avis des agro-pasteurs, la jachère constitue une alternative pour rehausser la fertilité des terres face à l'indisponibilité et l'inaccessibilité des engrais chimiques.

Tous les exploitants qui pratiquent la jachère soulignent ses effets positifs au bout de trois ans sur les sols et sur la recolonisation par la végétation ligneuse.

8.3- DISCUSSION ET CONCLUSION

Ce travail a tenté de cerner les perceptions des services écosystèmiques par les populations de la réserve de biosphère du Ferlo. Il est apparu que les services de prélèvement sont mieux connus et mieux appréciés des communautés locales que les services de régulation et les services culturels. Quant aux services de support ou de soutien (formation des sols, photosynthèse, cycles biogéochimiques...), les populations locales n'y ont pas fait référence. En effet, ces services sont plus difficiles à appréhender à l'échelle locale parce qu'ils ne présentent pas de bienfaits consommables ou commercialisables par l'homme et dans le court terme.

Les services de prélèvement énoncés dans cette étude sont multiples, et indispensables pour le bien être des communautés locales. Il est apparu que les populations s'accordent sur les six catégories de services identifiés. En effet, le Facteur de consensus informateur est supérieur à 90% pour trois catégories de services écosystèmiques de prélèvement (nourriture humaine, bois d'énergie et bois de construction), entre 84 et 89% pour deux autres catégories (fourrage et bois d'artisanat) et de 70% pour la pharmacopée traditionnelle. Ces résultats corroborent ceux de Gning et al. (2013), Ayantunde et al. (2009) et Cheikhyoussef et al., (2011) selon qui le facteur de consensus informateur pour les différentes catégories d'usage des arbres est en moyenne élevée dans les zones arides et semi-arides d'Afrique.

Parmi les 44 espèces répertoriées par les populations locales, certaines présentent des valeurs d'usages plus élevées que d'autres. Les espèces qui présentent les VU les plus élevées sont *Grewia bicolor* (2,43), *Pterocapus lucens* (1,68), *Combretum glutinosum* (1,48), *Guiera senegalensis* (1,38), *Ziziphus mauritiana* (1,25) ; ce qui est considéré par de nombreux auteurs comme le signe que ces espèces subissent une pression d'utilisation importante (Ayantunde et al., 2009 ; Dedoncker, 2013 ; Gazzaneo et al., 2005, Sarr et al., 2013).

L'alimentation humaine constitue le premier service de prélèvement procuré par les arbres avec 23,7% des expressions d'usage, ce qui confirme les résultats obtenus par Gning et al. (2013) au Sénégal Oriental. Parmi les espèces les plus utilisées par les populations dans l'alimentation, trois se distinguent particulièrement avec des fréquences de citation élevées : *Ziziphus mauritiana* (97,5%), *Adansonia digitata* (92,5%) et *Balanites aegyptiaca* (85%). En effet, les fruits, les graines, les feuilles et la gomme de ces espèces améliorent l'état nutritionnel des populations rurales (Ngom, 2013 ; Diop et al., 2005, Lykke et al., 2004). La cueillette des produits de ces essences spontanées fournit également des revenus aux populations.

La pharmacopée constitue la deuxième catégorie de services d'approvisionnement citée par les populations si on se réfère au pourcentage d'expressions d'usages (20,3%). Certaines essences

(*Combretum glutinosum, Ziziphus mauritiana, Acacia nilotica*) sont très sollicitées par les prélèvements destinés aux soins car les produits pharmaceutiques conventionnels sont souvent, en raison de leurs coûts élevés, hors de portée des ménages.

Une troisième catégorie de service rendu par la végétation ligneuse au Ferlo est le fourrage aérien. En effet, les protéines de la végétation ligneuse en saison sèche constituent un élément essentiel du régime alimentaire des bêtes (FAO, 1992). Deux espèces caractéristiques des écosystèmes du Ferlo, *Grewia bicolor et Pterocarpus lucens* sont les plus citées par les répondants, les plus appétées par le bétail, les plus élaguées par les éleveurs et les plus utilisées comme bois de feu ; ce sont des espèces à usage multiples. Elles offrent au bétail un appoint alimentaire considérable (Boutrais, 1980) pour complémenter le fourrage herbacé à l'état de paille déséquilibré sur le plan nutritif, voire absent parfois. Cette place privilégiée qu'elles tiennent dans l'économie rurale locale se traduit par une forte pression sélective sur ces espèces. Si elles sont encore bien présentes dans les formations végétales, il convient de rappeler que des suivis montrent qu'en raison de l'aridification climatique, la régénération de *Pterocarpus lucens* en zone sahélienne est très mauvaise. Les taux de germination des graines sont voisins de zéro malgré divers traitements appliqués (Le Houérou, 1980).

Les ligneux préférés pour bois d'énergie dans la réserve de biosphère du Ferlo sont *Grewia bicolor* (95%), *Combretum glutinosum* (80%) et *Pterocarpus lucens* (45%). En effet, le combustible ligneux sous forme de bois de chauffe ou de charbon de bois est la principale source d'énergie domestique pour les ménages (Ayantunde et al., 2009 ; Ngom, 2013).

Aussi, l'utilisation des arbres en construction (16,2% des usages) et en artisanat (5,3%) confirme davantage leur importance dans la vie des populations. L'usage des arbres pour ces deux catégories de services s'explique par la disponibilité des espèces visées et leur grande accessibilité comparé à d'autres matières premières ou matériaux de construction (Gning et *al.*, 2013). Certaines espèces (*Guiera senegalensis, Mitragyna inermis, Grewia bicolor* et *Bombax costatum*) sont utilisées aussi bien pour le bois de service que le bois d'artisanat. Par contre *Combretum glutinosum et Pterocarpus lucens* dans une moindre mesure sont presque exclusivement utilisées comme bois de service pour la construction de perches et de piquets.

Les éleveurs du Ferlo appréhendent moins bien les services de régulation que les services d'approvisionnent fournis par les écosystèmes. Cependant, ils possèdent des savoirs quotidiennement mobilisés dans la maîtrise des aléas climatiques et des contraintes morpho-pédologiques et écologiques de leur milieu. Ces savoirs établissent bien des corrélations écologiques (Niamir, 1996) entre les caractéristiques de leur environnement (climat, sol, végétation, topographie, ressources en eaux…) et les activités des hommes. Ces savoirs traditionnels ne sont pas toujours en adéquation avec les schémas logiques des connaissances scientifiques du chercheur, mais constituent des paramètres indispensables à prendre en compte en vue d'une gestion durable et participative des ressources naturelles.

Les populations reconnaissent que la végétation permet d'éviter l'érosion hydrique fréquente du fait des pluies souvent violentes. En ralentissant le ruissellement, en favorisant l'infiltration de l'eau par leur réseau de racines, la forêt joue un rôle prépondérant dans le cycle de l'eau, en plus de limiter les inondations et les glissements de terrain. Autrement dit, la forêt joue un rôle tampon en modérant les écoulements et en réduisant les pointes de crues pour les événements pluvieux les plus fréquents (Lévêque, 2008).

Au Ferlo, les services culturels énoncés par les communautés rurales portent sur le tourisme, la valeur spirituelle et la valeur éducative que procurent les écosystèmes. Une bonne partie des services culturels sont entrain d'être perdu par les générations actuelles. Il est particulièrement difficile de mesurer l'impact de la perte de services culturels, mais cet impact revêt une importance significative. La culture humaine, les systèmes de connaissance, les religions, et les interactions sociales ont été fortement influencés par les écosystèmes (MEA, 2005).

Les écosystèmes fournissent des services à la société, mais l'utilisation durable de ceux-ci est mise en péril par la rapidité des changements climatiques, environnementaux, sociaux et politiques (UNESCO, 2008). Cependant, les pratiques et les connaissances traditionnelles des populations locales sont indispensables pour s'adapter au changement et construire la résilience. Les pratiques de gestion des ressources naturelles des agro-pasteurs du Ferlo contiennent des mesures de conservation et de restauration des ressources : l'aménagement des mares et des parcours, la mobilité des troupeaux adaptée aux potentialités des pâturages, les techniques d'élagage et la jachère. Ceci montre qu'à travers ses pratiques, l'éleveur tente au mieux d'utiliser les ressources sans compromettre leur potentiel de régénération. Contrairement aux paradigmes qui font des éleveurs des agents anthropiques majeurs de dégradation de l'environnement par les surpâturages et les surcharges pastorales, ces données confortent les analyses récentes en écologie des parcours qui ont montré que les pratiques de gestion des terres pastorales ne sont pas coupables de la dégradation des terres (Behnke & Scoones, 1992; Behnke, 1995; Niamir, 1996 ; Pratt & al., 1997). L'espace pastoral sahélien du Ferlo a un niveau de résilience capable d'induire une régénération rapide pendant l'hivernage en dépit du fait qu'il soit fortement piétiné ou pâturé à ras. La mobilité associée à ces différentes techniques de gestion permet encore au Ferlo d'adapter les besoins du pastoralisme aux fluctuations spatio-temporelles des précipitations.

Les écosystèmes fournissent des services à la société, mais l'utilisation durable de ceux-ci est mise en péril par la rapidité des changements climatiques, environnementaux, sociaux et politiques (UNESCO, 2008). Cependant, les pratiques et les connaissances traditionnelles des populations locales sont indispensables pour s'adapter au changement et construire la résilience.

La mise en place de la réserve de biosphère, avec comme corollaire une meilleure implication des institutions locales et traditionnelles qui demeurent des décideurs incontournables dans la gestion des ressources au niveau local, devrait impulser la gestion conservatoire des ressources et son utilisation durable par les communautés locales. Les services écosystèmiques pourraient ainsi, fournir un cadre conceptuel utile pour classer les multiples fonctions des réserves de biosphère (UNESCO, 2008) allant de la conservation à la production de biens et services.

Partie 4 :
DISCUSSION ET CONCLUSION GENERALES

Chapitre 9:

DISCUSSION GÉNÉRALE

Les écosystèmes sylvopastoraux du Ferlo, contribuent à la fourniture de services écosystèmiques. Ces bienfaits que la société tire des écosystèmes sont de quatre catégories : les services de prélèvement ou d'approvisionnement (nourriture, bois, fibres, eau...), les services de régulation (régulation des inondations, de la sécheresse, de la dégradation des sols, et des maladies), les services culturels (bénéfices d'agrément, bénéfices d'ordre spirituel, religieux) et les services d'entretien ou d'appui (formation des sols, développement du cycle nutritionnel). Cependant, ces milieux sahéliens subissent depuis plusieurs décennies de fortes perturbations liées à la péjoration climatique, mais surtout à l'exploitation par l'homme et le bétail. Aussi, les pratiques d'utilisation et de gestion ne sont pas toujours en adéquation avec le potentiel de régénération. Ces processus de dégradation des ressources naturelles se traduisent souvent par des incursions dans les réserves de la nature et dans les écosystèmes fragiles. La prise de conscience de l'ampleur de la dégradation et de l'épuisement des ressources naturelles justifie pleinement l'avènement du concept de réserve de biosphère qui a été mis au point en 19974 par l'UNESCO dans le cadre de son programme sur l'homme et la biosphère (UNESCO, 1997). Les réserves de biosphère sont ainsi conçues pour concilier la conservation de la biodiversité avec son utilisation durable. Elles constituent un élément clé pour atteindre l'objectif du MAB: un équilibre durable entre les nécessités parfois conflictuelles de conserver la diversité biologique, de promouvoir le développement économique et de sauvegarder les valeurs culturelles qui y sont associées (UNESCO, 1996).

Ce travail a pour objectif de caractériser la diversité des habitats et des communautés végétales de la réserve de biosphère du Ferlo et de quantifier certains services écosystèmiques fournis aux communautés locales et à l'humanité. La mise en place d'une gestion rationnelle de toute espèce nécessite d'en suivre la dynamique afin de déterminer au mieux les objectifs de conservation.

L'étude a été conduite dans la réserve de biosphère du Ferlo, en zone sylvopastorale du Sénégal entre 2008 et 2012. Pour caractériser cette aire protégée, nous avons procédé à une cartographie du territoire, à des relevés de la végétation ligneuse et herbacée, des observations, des mesures de biomasse ligneuse et herbacée et des enquêtes auprès des populations locales. Les méthodes utilisées pour analyser les données ainsi collectées couvrent à la fois la statistique inférentielle classique, l'analyse des données et la cartographie. L'analyse factorielle de correspondance a permis de déterminer la distribution spatiale et la structure de la végétation herbacée. L'utilisation des logiciels Excel, XLstat et Mintab 14 ont permis de déterminer les différents paramètres de la végétation. Les relations allométriques ont été utilisées pour prédire la production fourragère, la production de bois et la quantité de carbone séquestrée. Des enquêtes auprès des populations locales et des discussions informelles auprès des services techniques décentralisés ont permis de mieux appréhender la perception sur les services écosystèmiques, mais également les attentes de l'érection de la réserve de biosphère du Ferlo. Les résultats obtenus indiquent que la réserve de biosphère du Ferlo regorgent d'énormes potentialités écologiques et socio-économiques pour assurer une bonne fourniture des services écosystèmiques tout en jouant sont rôle premier de conservation de la biodiversité. Cependant, ces résultats méritent d'être discutés.

9.1- SUR LA CARACTÉRISATION ÉCOLOGIQUE

Le zonage de la RBF a permis d'identifier trois zones interconnectées comme édicté par la stratégie de Séville et le cadre statutaire des réserves de biosphère. Les aires centrales bénéficient d'un statut de protection par la législation sénégalaise ; ce sont des réserves de faune. La zone tampon, qui est attenante à l'aire centrale ou qui l'entoure (UNESCO, 2004) a pour fonction essentielle de réduire au maximum les effets externes négatifs des activités humaines sur la ou les aires centrales. Au Ferlo, la zone tampon est la zone des pâturages, ce qui en fait un lieu où le compromis optimal entre conservation et développement s'applique. L'aire de transition de la RBF est la zone des systèmes multiples d'utilisation des terres où l'on essaie de contribuer au développement socio-économique des communautés locales et au développement durable de la réserve de biosphère ainsi que de l'ensemble de sa région. La réalisation de ce zonage participatif et fonctionnel de la RBF a permis d'amorcer le dialogue et la concertation entre les acteurs concernés par l'espace et ses ressources. Selon Beuret (2006), c'est l'une des voies privilégiées pour gérer la biodiversité dans une optique de développement durable et pour prévenir l'explosion des multiples conflits.

La caractérisation du peuplement végétal de la RBF a révélé une flore est riche de 49 espèces réparties en 32 genres relevant de 17 familles botaniques. Il importe de noter que la fiabilité de la richesse spécifique dépend de l'exhaustivité de l'inventaire. Or les relevés ne sont jamais exhaustifs car il y a un problème de détectabilité des espèces (Gosselin & Laroussinie, 2004 ;

Deconchat & Balent, 2004). Il faut cependant noter que la richesse spécifique n'est qu'un des indicateurs, des descripteurs de la biodiversité.

Les espèces les plus fréquentes et les plus abondantes de cette flore sont des espèces indifférentes à large répartition écologique telles que *Guiera senegalensis, Combretum glutinosum, Boscia senegalensis, Pterocarpus lucens* et *Balanites aegyptiaca*. Ces résultats corroborent ceux trouvés par d'autres auteurs (Ndiaye, 2008 ; Ngom, 2008) ayant étudié cette partie de la zone sylvopastorale. L'étude de la physionomie de la végétation par l'analyse factorielle de correspondance 49 X 110 relevés /espèces a montré que le peuplement végétal des différentes zones de la RBF est relativement homogène, malgré une variation de la densité d'arbres, de la surface terrière et du taux de recouvrement. Ceci pourrait s'expliquer par le degré d'anthropisation du milieu, mais aussi par une distribution en agrégats de la végétation ; avec la présence tantôt d'endroits très clairsemés, tantôt d'endroits où les individus sont en bosquets (Gning, 2008). L'aire centrale qui a la densité observée la plus élevée de la réserve de biosphère, présente la surface terrière la plus faible parce que la flore est dominée par *Guiera senegalensis* et *Boscia senegalensis* qui sont des arbustes, avec des troncs de faible grosseur. Ceci confirme Bouxin (1975) selon qui il n'existe pas de parallélisme entre la surface terrière et la densité. La structure du peuplement ligneux a montré une prédominance de la strate arbustive dans les 3 zones constitutives de la RBF. Trois espèces se dégagent de ces savanes arbustives, par leur importance écologique. Il, s'agit de *Pterocarpus lucens, Guiera senegalensis* et *Combretum glutinosum*. Les deux espèces de la famille des *Combretaceae* (*Combretum glutinosum* et *Guiera senegalensis*) ont marqué par leur présence l'écosystème. Ces espèces caractérisées par les densités les plus élevées avec une large répartition géographique, sont entrain de coloniser le milieu avec comme corollaire une combrétinisation et une modification de la structure de la végétation ligneuse (Ngom, 2008). Elles sont sensibles aux changements écologiques durables et les variations de leurs effectifs sont plus facilement interprétables que celles des espèces rares sujettes à des variations aléatoires (Kane, 2005). Elles constituent des indicateurs pertinents pour mesurer l'état mais également la pression zoo-anthropique sur les ressources ligneuses. Quant à *Pterocarpus lucens* qui est une des espèces les plus appétées et les plus nutritionnelles des espèces fourragères ligneuses sahéliennes (Wilson, 1980), elle est surtout présente dans l'aire centrale et en zone tampon et contribue à la fourniture d'autres biens et services écosystèmiques, notamment la production de bois de chauffe. Le grand intérêt des parcs agroforestiers à *Pterocarpus lucens* est de fournir un fourrage d'excellente qualité en fin de saison sèche, alors que presque tous les types de pâturage n'offrent plus aux animaux que des pailles desséchées et sans valeur nutritive (Baumer, 1997).

La régénération naturelle est à la base de la compréhension de la dynamique de la végétation ligneuse. Elle peut être végétative ou par semis naturel. Elle passe par le recrutement, la mortalité juvénile et les différents stades de développement, puis la survie (Traoré, 1997). Elle parait intéressante (72%) malgré qu'elle est limitée à un nombre restreint d'espèces. En effet, 62% des jeunes individus inventoriés appartiennent à l'espèce *Guiera senegalensis,* qui est capable de régénérer même après une coupe rase par apparition de rejets de souches appétées par les bovins (Ngom, 2008). Ceci est en conformité avec les propos de Grouzis & Albergel (1988), cité par Gning (2008), selon qui, en zone sahélienne, les capacités de régénération résident dans les caractères d'adaptation des espèces et des structures de végétation face à la sécheresse et à la variabilité des conditions édapho-climatiques. Aussi, il importe de noter que le passage du feu stimule le rejet de souches chez certaines espèces notamment *Guiera senegalensis* et *Boscia senegalensis*. En effet, les perturbations qui détériorent la partie aérienne de l'écosystème, mais qui préservent le sol, favorisent les espèces qui drageonnent, qui rejettent des souches ou qui régénèrent à partir de la banque de semences du sol (Gosselin & Laroussinie, 2004).

Globalement, la RBF présente des potentialités intéressantes en matière de ressources végétales si on tient compte de la densité arborée, du couvert végétal et de la capacité de régénération. L'étude de la richesse taxonomique, des indices de diversité et de similarité et d'équitabilité et la composition en taxons a révélé que, la zone tampon et l'aire de transition qui font l'objet de multiples systèmes d'utilisation des terres et qui subissent plus l'action de l'homme, présentent une diversité plus grande que l'aire centrale qui est une zone de conservation intégrale. Cet état de fait, apparemment paradoxal, pourrait s'expliquer par la théorie de la perturbation moyenne de Connell (1978) et Huston (1979) selon qui un niveau intermédiaire de perturbation entretient un niveau maximal de diversité. En effet, à un degré de perturbation intermédiaire, suffisant pour empêcher à la fois la dominance des colonisatrices et des compétitrices, la richesse et la coexistence des espèces sont maximales (Deconchat & Balent, 2001 ; Gosselin & Laroussinie, 2004). Longtemps jugées comme un phénomène accessoire dans les processus écologiques, les perturbations sont considérées maintenant comme un élément essentiel du fonctionnement des écosystèmes forestiers. Ce sont elles qui assurent le maintien de la biodiversité en jouant un rôle sur les processus de migration et de dispersion des espèces (Spies & Turner, 1999).

Ces résultats doivent nous pousser à mieux repenser la stratégie de conservation de la biodiversité dans les réserves de biosphère qui se base sur la protection intégrale de l'aire centrale. Il faut transformer la manière de concevoir les activités humaines, les aires centrales. En effet, l'exploitation à court terme et localement augmente la diversité végétale (Deconchat

& Balent, 2001 ; Halpern & Spies, 1995), notamment sous l'effet de la mise en lumière et des perturbations du terrain.

Le peuplement ligneux de la RBF, qui présente de réelles potentialités en fourniture de services écosystèmiques, héberge également une faune sauvage qui lui est strictement inféodée. De nombreux auteurs (Moore & Hooper, 1975 ; Lynch & Whigham, 1984 ; Burel & Baudry, 1999), ont montré que la taille des peuplements boisés est un prédicteur de la richesse spécifique de la faune. Les espèces inféodées au houppier des arbres, la plupart des oiseaux, certains insectes et les végétaux épiphytes de la canopée, sont très fortement dépendantes de l'état du peuplement végétal.

9.2- SUR LA FOURNITURE DES SERVICES ECOSYSTEMIQUES :

La fourniture des services écosystèmiques est un des trois principaux défis identifiés par le programme MAB à travers le plan d'action de Madrid sur les réserves de biosphère. En effet, les services écosystèmiques identifiés et quantifiés dans le cadre de cette étude pourraient fournir un cadre conceptuel utile pour classer les multiples fonctions de la réserve de biosphère du Ferlo allant de la conservation, à la production et l'utilisation rationnelle des ressources sylvopastorales. La conception des réserves de biosphère comme sites du développement durable peut être interprétée comme un effort engagé de conception et de mise en place d'une combinaison locale de services de support, de subsistance, de régulation et culturels visant le bien-être environnemental, économique et social des communautés résidentes et des acteurs concernés (UNESCO, 2008).

Dans le cadre de cette étude, nous avons quantifié un certain nombre de biens et services écosystèmiques à savoir la production de fourrage herbacée, la production de fourrage ligneux, la production de bois de chauffe et la séquestration de carbone. Nous avons également appréhendé les perceptions des communautés locales sur les services écosystèmiques.
La production de fourrage herbacée au maximum de la végétation par la récolte intégrale est estimée à 3,3 tonnes de MS/ha. Ces résultats corroborent ceux de Boudet (1977) qui a trouvé 3 tonnes MS/ha pour les pâturages soudano-sahéliens à dominance de graminées annuelles avec une pluviosité moyenne annuelle comprise entre 400 et 800 mm. Ces résultats sont également dans l'intervalle de production défini par d'autres auteurs dans des écosystèmes similaires (entre 2,31 et 4,36 t MS/ha par Akpo (1998) au Ferlo ; entre 2,3 et 5 t MS/ha par Achard (1992) au Burkina). Cette production de biomasse herbacée est fortement corrélée au cortège

floristique du milieu. Dans la RBF malgré une prédominance des graminées annuelles (*Andropogon pseudapricus, Pennisetum pedicellatum* et *Schoenfeldia gracilis),* la légumineuse *Zornia glochidiata* avec une contribution spécifique de 22,2% est l'espèce la plus représentative dans la strate herbacée. Selon de nombreux auteurs, la production primaire de la biomasse herbacée varie spatialement en fonction du volume des précipitations et à leur répartition dans le temps et l'espace (Grouzis & Sicot, 1980 ; Cesar, 1981 ; Cole, 1982 ; Barral & *al.,* 1983 ; Boudet, 1985 ; Fournier, 1987; Thébaud, 1995). Une pluviométrie annuelle médiocre mais composées d'averses régulières et bien réparties dans l'espace pendant l'hivernage peut fournir une production herbacée meilleure qu'une pluviométrie élevée mais concentrée en quelques pluies très fortes (Bille, 1974). En conséquence, la quantité et la qualité des pâturages disponibles pendant une saison des pluies et, surtout, le stock de paille sur pied qui subsistera pendant la saison sèche suivante varie d'une année à l'autre (Thébaud, 1995).

La production de phytomasse herbacée est également liée au substrat édaphique (Penning de Vries & Djiteye, 1982 ; Brehman & Ridder, 1991). Cette production de phytomasse herbacée reflète les conditions écologiques stationnelles et traduit les effets des perturbations dues aux activités d'élevage. Aussi, l'évolution de la phytomasse épigée et de ses principales composantes au cours de la reconstitution des écosystèmes forestiers rend assez bien compte des étapes de l'évolution floristique et structurale (Alexandre et *al.,* 1978).

La valeur pastorale nette des parcours de la RBF est de 56,4% ; ce qui signifie que la part de la production herbacée brute réellement consommée par les animaux est de 56,4%. Cette valeur assez élevée témoigne du potentiel pastoral intéressant dans la réserve. Huit espèces (*Schoenefeldia gracilis* Kunth., *Eragrostis tremula* Hochst., *Pennisetum pedicellatum* Trin., *Andropogon gayanus* Kunth., *Zornia glochidiata* Reichb. Ex DC., *Andropogon pseudapricus* Stapf., *Schizychirium exile* Stapf. et *Cassia mimosoides* L.) déterminent à 91% la valeur pastorale nette des herbages.

La capacité de charge est estimée à 0,41 UBT/ha/an, ce qui veut dire qu'il faut 2,40 ha pour chaque UBT qui pâture dans la RBF. L'utilisation de la production fourragère herbacée totale comme seul critère pour prédire la capacité de charge est critiqué par certains auteurs (Baumer, 1997) parce que cette méthode ne tient pas compte de la qualité de la biomasse et de sa valeur alimentaire pour le bétail. Néanmoins, la capacité de charge est utile pour la planification, pour calculer la productivité moyenne des terres en matière de ressources fourragères et les extrants en bétail qu'on peut espérer.

Globalement, le bilan fourrager établi constitue un outil important pour une meilleure gestion et une gouvernance partagée des ressources sylvopastorales de la réserve de biosphère.

En effectuant des régressions avec le logiciel Minitab 14 sur les variables explicatives que sont la circonférence et la hauteur, nous avons élaborer des modèles de prédiction pour estimer le fourrage aérien, la quantité de bois et la quantité de carbone séquestrée par *Pterocarpus lucens*, l'une des espèces les plus sollicitées dans les parcours sahéliens. La production fourragère de *Pterocarpus lucens* est estimée à 178 kg MS/ha. Cette valeur de la production fourragère est 4 fois supérieure à celle trouvée par Ngom et *al*. (2009) dans d'autres écosystèmes du Ferlo, ce qui s'explique par une densité plus élevée (43 individus / ha) mais également par une méthode de calcul améliorée qui prend en compte la densité par classe de circonférence et non la densité globale. Cette valeur importante de production de fourrage aérien montre la place prépondérante de cette espèce dans l'alimentation du bétail au sahel. Les feuilles de *Pterocarpus lucens,* tombées à terre sont recherchées par des bovins et des autres animaux domestiques (Le Houerou, 1980). Malheureusement les feuilles tombent assez précocement au cours de la première moitié de la saison sèche, mais l'émondage peut prolonger considérablement la phénophase feuillée (Hiernaux & *al*., 1979).

Le bois de feu qui est la principale source d'énergie domestique au Ferlo, constitue un service écosystèmique indispensable pour les communautés locales. Cependant très peu d'études ont pu évaluer la production de bois de feu en milieu sahélien. En effet, les connaissances sur la productivité des savanes (Clément, 1982 ; FAO, 1984 ; Nouvellet, 1992 ; Nasi, 1994 ; Sylla, 1997) ont révélé la complexité et la diversité des réponses que l'on peut apporter à la question de la productivité (Picard & *al.,* 2006), particulièrement en ce qui concerne la production de bois de feu. Dans la RBF, la biomasse ligneuse (production en bois) de *Pterocarpus lucens* a été estimée à 545 kg MS/ha, à partir d'une relation allométrique qui prend en compte aussi bien la circonférence que la hauteur des arbres. Cette estimation est indispensable à l'établissement d'un bilan précis entre les besoins et les ressources, en particulier en ce qui concerne le bois de chauffe (Clément, 1982). Aujourd'hui, le défi de la gestion durable de la RBF est de concilier le maintien des potentialités de cette espèce fourragère avec les pressions pastorales en augmentation (Couteron & *al*., 1992). Aussi, selon Ngom (2008), *Pterocarpus lucens* est une espèce surexploitée au Ferlo en raison de son attrait utilitaire. Outre son importance comme bois de chauffe, elle est l'espèce la plus utilisé comme bois de service et l'une des deux espèces les plus appétées par le bétail, mais également les plus élaguées par les bergers.

Le calcul de la biomasse arborée a permis de calculer la quantité de carbone séquestrée par *Pterocarpus lucens* à 325,35 kg de C / ha. La mesure du carbone dans les terres tropicales a pris de l'importance dans les études des changements climatiques globaux parce que le carbone perdu par les systèmes tropicaux contribue de manière significative aux changements atmosphériques et en particulier à l'augmentation du CO_2 (Houghton & *al.*, 1993 cité par Woomer, 2001). En effet, le principal moyen pour réduire les émissions net de carbone est d'augmenter le taux de carbone séquestré par les écosystèmes terrestres (Lipper & *al.*, 2010). Aussi, il existe une corrélation significative entre la densité des arbres et le contenu du sol en carbone (Sandford, 1983). Or, le carbone organique du sol est un facteur essentiel pour assurer une production végétale régulière et il influe sur la capacité du sol en eau, sur l'aération du sol, sur la capacité d'échange et sur le contenu en azote (Baumer, 1997).

Globalement, les estimations de la production de fourrage, de bois et de la quantité de carbone séquestrée sont intéressantes dans le contexte de mise en place de la réserve de biosphère, qui a pour vocation de concilier la capacité de production des écosystèmes avec la satisfaction des besoins des communautés locales.

Les perceptions communautaires sur les services fournis par les écosystèmes dans la RBF ont été appréhendées par des enquêtes, des entrevues, des discussions informelles, des mesures et des observations de terrain. Trois types de services écosystèmiques ont été identifiés avec les populations locales. Les services d'approvisionnement ou de prélèvement portent sur la nourriture, le fourrage, la pharmacopée traditionnelle, le bois de chauffe, de service et d'artisanat et enfin l'approvisionnent en eau par les mares. Les espèces les plus utilisées dans l'alimentation humaine sont *Ziziphus mauritiana*, *Adansonia digitata*, *Balanites aegyptiaca* et *Acacia senegal*. La végétation ligneuse en saison sèche constitue également un élément essentiel du régime alimentaire des animaux (FAO, 1992). Le combustible ligneux sous forme de bois de chauffe ou de charbon de bois est la principale source d'énergie domestique pour 95% des ménages enquêtées. La consommation moyenne en bois de feu est de 1,26 kg/personne/jour dans la communauté rurale de Vélingara-Ferlo. Cette moyenne est bien élevée par rapport à d'autres régions du sahel, notamment en milieu rural nigérien où la consommation se situe autour de 0,8 kg/personne/jour (Lawali Mahamane, 1999), ce qui confirme une fois de plus le potentiel de production de la biomasse ligneuse. L'approvisionnement en eau par les mares constitue un service écosystèmique de grande importance dans la zone sylvopastorale où l'eau est le facteur limitant à la pratique de l'élevage.

Les services de régulation moins évidents à appréhender par les communautés locales sont liés à la régulation du climat et à la régulation de l'érosion des sols. Cependant, ces communautés possèdent des savoirs quotidiennement mobilisés dans la maîtrise des aléas climatiques et des contraintes morpho-pédologiques et écologiques de leur milieu. Ces savoirs établissent bien des corrélations écologiques (Niamir, 1996) entre les caractéristiques de leur environnement (climat, sol, végétation, topographie, ressources en eaux...) et les activités des hommes.

Les services culturels portent sur le tourisme, la valeur spirituelle et la valeur éducative que procurent les écosystèmes aux communautés locales.

L'étude du lien en pratiques paysannes et services écosystèmiques a montré l'éleveur, à travers ses pratiques, tente au mieux d'utiliser les ressources sans compromettre leur potentiel de régénération.

Le programme MAB promeut depuis une dizaine d'années, la valorisation des biens et services des écosystèmes dans les réserves de biosphère. Selon Perez (2008), cette valorisation ne va pas résoudre à elle seule les problèmes d'érosion de la diversité biologique, mais sa mise en exergue amène les acteurs économiques – producteurs, consommateurs, investisseurs, entre autres – à reconnaître qu'il peut y avoir compatibilité entre les objectifs économiques et financiers et les objectifs de conservation de la diversité biologique.

9.3- SUR LA COMPATIBILITÉ ENTRE CONSERVATION DE LA BIODIVERSITÉ ET SON UTILISATION DURABLE

En matière de protection de la nature ou de gestion de ses ressources, les idées ont beaucoup évolué depuis la création des premiers Parcs nationaux à la fin du XIXe siècle (Barbault, 2006). A l'époque, l'opposition entre conservation et utilisation était nette et l'on s'en tenait à une vision statique de la nature, celle d'équilibres à préserver, vision à laquelle la notion écologique de climax peut donner consistance: il s'agit alors d'exclure l'homme de la nature, pour laisser celle-ci retrouver son état d'équilibre (Larrère, 2008). C'est cette conception de la protection de la nature qui a dominé tant que la référence a été l'écologie systémique, introduite par Arthur G. Tansley et systématisée par Eugene et Henry Odum dans les Fundamentals of Ecology (1962). Cette vision d'une nature en équilibre avec de grands mécanismes régulateurs de circulation des flux d'énergie a guidé une protection de la nature réglée par un principe de naturalité : la référence est à une nature laissée à sa spontanéité et tenue à l'écart de l'homme (Larrére, 2008). Une telle conception est désormais dépassée par les pratiques d'écologie intégrative sachant mobiliser tous les savoirs. Ainsi, à partir de la deuxième moitié du 20ème

siècle ; les écologues ont adopté une conception plus dynamique de l'écologie qui intègre les perturbations comme facteurs de structuration des communautés biotiques. Cela a conduit à changer la manière de concevoir les aires protégées et c'est là tout le sens des réserves de biosphère. Elles sont la première catégorie d'aires protégées à ériger la participation des communautés locales comme principe fondamental de gestion et à chercher la complémentarité entre conservation et utilisation durable des ressources. Comme l'a si bien dit Jardin (2008), les réserves de biosphère sont bien plus que de simples aires protégées ; elles sont peu à peu devenues de véritables sites de démonstration du développement durable.

Le processus de création de la RBF a tenu compte des principes qui sous-tendent le concept de réserve de biosphère. En effet, il est important de noter que la RBF n'a été admise officiellement dans le réseau mondial des réserves de biosphère qu'en juillet 2012. Les recherches effectuées dans cette thèse visaient à doter le Sénégal d'un dossier solide de désignation de la réserve de biosphère du Ferlo.

Pour réussir la mise en place d'une réserve de biosphère, le dialogue entre les différents acteurs doit être au cœur du processus. L'ouverture du dialogue doit se faire en amont du processus, ce qui assure un degré d'engagement maximal et une mise en confiance des divers interlocuteurs et permet également une appropriation essentielle de l'objet du dialogue (UNESCO, 2007).

Dans l'itinéraire de création de la RBF, les communautés locales ont été très étroitement associées, ce qui a ravivé la prise de conscience des collectivités locales sur le potentiel de développement du Ferlo. Une série de rencontres individuelles et de réunions d'information se sont tenues à Matam, à Ranérou, dans les villages et hameaux avec les principaux acteurs du territoire proposé. Ces rencontres se sont soldées par un appui unanime de l'ensemble des décideurs. Des séances de formation et des foras de sensibilisation sur le concept de réserve de biosphère ont également permis de constater un engagement et un engouement réel des populations locales au projet de création de la Réserve de Biosphère du Ferlo (Ngom 2011). En outre, dans le cadre de l'élaboration de la charte consensuelle pour une gestion durable des ressources sylvopastorales et fauniques de la RBF, il y a eu plusieurs réunions avec les différents acteurs qui ont fortement apprécié la démarche participative adoptée durant tout le processus.

Le fait que le public soit associé au processus de création et à la définition de règles de gestion de la RBF contribue bien entendu à prévenir les conflits qui pourraient naître de la mise en application de ces règles. Ce n'est cependant pas suffisant car des conflits peuvent naître d'une évolution dans la quantité et la localisation des ressources ou des usagers de ces ressources. Lors de la définition de ces règles, devront donc être prévues des modalités de révision de ces dernières si de tels évènements se présentaient, ainsi que des mécanismes de gestion des conflits (Ngom, 2009).

La conservation de la biodiversité d'un site va de pair avec une gestion cohérente de l'espace. En effet, on peut considérer que l'espace de la RBF avec ses ressources est doublement fragmenté du fait de la présence d'une multiplicité d'institutions. Il est, d'une part, fragmenté spatialement, par les différentes institutions qui gère des fractions différentes de l'espace. Par exemple l'un des noyaux centraux de la réserve est sous la tutelle de la Direction des Parcs Nationaux (DPN) alors que les trois autres noyaux sont gérés par la Direction des Eaux, Forêts, Chasse et Conservation des Sols (DEFCCS). C'est ce qu'on appelle la gestion en mosaïque (Beuret, 2006). D'autre part, il est généralement fragmenté du fait d'une gestion par filière qui consiste à isoler les différents problèmes ou ressources et les faire traiter indépendamment les uns des autres par des organismes spécialisés (Barouch, 1989). Cette fragmentation de la gestion de l'espace représente une contrainte dans la gestion intégrée et durable des ressources. Il y a donc une absolue nécessité de développer une concertation inter-institutionnelle en mettant en réseau les institutions pour coordonner leurs compétences et leurs activités sur l'espace et les ressources (Ngom, 2009). C'est là tout le sens de la création du Conseil de gestion de la RBF.

La caractérisation écologique a montré que le territoire de la RBF est intéressant du point de vue de la conservation car caractérisé par une grande diversité des espèces et des écosystèmes. Il est constitué de plusieurs catégories d'aires protégées, notamment des réserves de faune, des forêts classées et des réserves sylvopastorales.
La RBF qui renferme des éléments naturels remarquables, contribuerait à la préservation des différents biotopes et écosystèmes, à savoir : les savanes, les forêts galeries, les steppes arbustives, les vallées fossiles et les plans d'eau et les pâturages. Elle renferme des espèces végétales endémiques et des espèces animales relictuelles d'importance nationale et même internationale (Sow & Akpo, 2011). Un des noyaux centraux de la RBF constitue le seul échantillon représentatif de l'écosystème sahélien dans le réseau national d'aires protégées où réside une population réluctuelle d'Autruche à cou rouge et d'antilopes sahélo-sahariennes (Ngom, 2011).
La RBF est une zone multifonctionnelle, à présence humaine et ayant des objectifs d'utilisation des ressources et d'aménagement. La fonction de conservation de la biodiversité concernera les

zones centrales et tampon, mais aussi la périphérie qui est la zone de transition ou de coopération.

Dans la RBF, les pratiques agropastorales et la cueillette ne sont pas totalement exclues des territoires dédiés à la conservation de la nature. Cependant, l'exploitation des ressources reste concentrée sur des zones périphériques (zone tampon et aire de transition) entourant les aires centrales dont l'accès est limité. Pour qu'une politique d'intégration des pratiques humaines dans la gestion de ces espaces protégés réussisse, il apparaît de plus en plus important de prendre en compte les relations dynamiques entre les mosaïques paysagères et les pratiques locales influant sur la biodiversité (Aumeeruddy-Thomas & De Garine, 2008).

Ainsi, le dialogue tient une place prépondérante pour concilier la conservation et le développement, pour la compréhension, la gestion et la prévention des conflits et dans l'élaboration des règles d'usages et d'accès des ressources dans la réserve de biosphère du Ferlo.

Chapitre 10 :

CONCLUSION GÉNÉRALE ET PERSPECTIVES

10.1- CONCLUSION GÉNÉRALE

Les écosystèmes sylvopastoraux du Ferlo ont des fonctions vitales tant du point de vue socio-économique que du point de vue écologique. Ils présentent une diversité taxonomique intéressante et d'énormes potentialités de production de fourrage, de bois, de produits alimentaires, fourrage, bois d'énergie et de séquestration du carbone. Cependant, ils sont soumis à de multiples contraintes d'ordre pastoral, social, climatique, institutionnel et réglementaire, qui pèsent lourdement sur la soutenabilité de la gestion de ces espaces pastoraux. La création de réserve de biosphère est ainsi apparue comme une stratégie de gestion durable de la biodiversité, d'aménagement du territoire et le pivot de la conservation dans ses volets de recherche, communication, formation et conservation sensu stricto. Accroître notre connaissance des potentialités écologiques, la biodiversité et la fourniture de services écosystèmiques est un enjeu actuel majeur pour la recherche agro-écologique. C'est avec cette ambition que cette thèse a été réalisée.

Les progrès de la recherche en écologie forestière permettent, certes, de mieux cerner les seuils écologiques et de prédire avec une certaine robustesse les états futurs d'un écosystème soumis à certains types de pratiques d'exploitation. Pour autant, la création d'une réserve de biosphère conduisant à un zonage et à l'élaboration de normes d'exploitation n'en est pas plus facile, car cet exercice requiert de décider sur les états de la nature que l'on juge viable dans la perspective du développement durable (Lescuyer, 2005).

Les résultats produits par cette étude témoignent des potentialités de la RBF à assurer le double rôle de conservation de la biodiversité et de fourniture de services écosystèmiques à l'humanité en général, et aux communautés locales en particulier. Nous avons clairement montré que les ressources végétales sont assez représentatives et méritent d'être protégées dans le cadre d'une réserve de biosphère. Nous avons également montré que la fourniture des services écosystèmiques n'est pas compromise.

Notre démarche a permis de lever des difficultés liées à l'estimation de la productivité des écosystèmes sahéliens, mais également de mettre en évidence l'importance d'une approche participative et inclusive dans tout processus de création de réserve de biosphère.

Notre travail apporte des éléments factuels sur le fait que la pluralité des objectifs assignés à la RBF, la diversité des acteurs (communautés locales, gestionnaires, chercheurs…), des institutions (DPN, DEFCCS, Projets, ONGs...) et de leurs intérêts en font un laboratoire de recherche et de formation pour la prévention et la gestion des conflits liés aux enjeux de la conservation et de l'utilisation durable de la biodiversité.

Ainsi, la RBF est un outil de gestion et de planification, mais qui sera d'autant plus efficace si elle s'intègre aux stratégies nationales, régionales ou supranationales d'utilisation durable des ressources et de conservation de la biodiversité

10.2- PERSPECTIVES

L'érection d'un site en réserve de biosphère est importante, mais sa gestion au quotidien l'est encore plus. Pour réussir à faire de la RBF un modèle d'application de l'approche écosystèmique et un site d'apprentissage du développement durable, un certain nombre d'actions s'avèrent indispensables :

- La réhabilitation et la redynamisation des couloirs de migration de la faune sauvage entre la RBF et la réserve de biosphère du Niokolo koba. En effet, une importante littérature montre les effets positifs des corridors sur les flux d'animaux mais beaucoup plus rarement sur les flux de gènes effectifs – variabilité génétique ou non des populations d'une espèce le long d'un corridor – qui permettraient aux espèces de s'adapter sur le long terme (Carrière & Meral, 2008).
- La co-construction de partenariats opérationnels entre la totalité des acteurs concernés *(communautés locales, gestionnaires, chercheurs...)*. Cela nécessitera la mise en place d'un plan de communication performant sur la réserve de biosphère car une conservation efficace demande une communication interactive, réciproque et continue. En effet, l'existence d'une RB est parfois peu connue de la population locale et ignorée des visiteurs occasionnels.
- La construction de dispositifs interdisciplinaires d'interactions entre chercheurs, communautés locales, gestionnaires et bailleurs de fonds est nécessaire pour développer des dispositifs collectifs garantissant un accès aux ressources et une participation équitable des partenaires. Selon Beuret (2008), des règles de gestion qui ne sont pas respectées, aussi strictes et pertinentes soient-elles, sont moins efficaces que des règles et dispositifs de contrôle construits en accord avec les acteurs locaux.
- L'évaluation des impacts écologiques, économiques et sociaux des changements de biodiversité et analyser les relations entre sociétés et biodiversité qui en constituent la toile de fond dynamique.

RÉFÉRENCES BIBLIOGRAPHIQUES

ADOU YAO C. Y. et NGUESSAN E. K., 2005. Diversité taxonomique dans le sud du parc national de Taï, Côte d'Ivoire. *Rev. Afrique Science (01) (2) (2005)* : 295-313.

ACHARD F., 1992. Phytomasse des savanes nord-soudanniennes de Gampéla, Région de Ouagadougou, Burkina Faso. In *L'aridité une contrainte au développement.* ORSTOM, Editions : 297 – 309.

AKPO L. E., 1993. *Influence du couvert ligneux sur la structure et le fonctionnement de la strate herbacée en milieu sahélien.* Orstom éd., TDM, 174 p.

AKPO L. E., 1998. Effets de l'arbre sur la végétation herbacée dans quelques phytocénoses du Sénégal : Variation selon un gradient climatique. *Thèse de Doctorat d'Etat en Sciences Naturelles, UCAD* : 142 p.

AKPO L. E. & GROUZIS M., 1996. Influence du couvert sur la régénération de quelques espèces ligneuses sahéliennes (Nord Sénégal, Afrique occidental). *Webbia 50(2)* : 247-263.

AKPO L. E. & GROUZIS M., 2000. Valeur pastorale des herbages en région soudanienne, la cas des parcours sahélien du Nord-Sénégal. In *Tropicultura*, 2000, 18, 1 : 1- 8.

AKPO L. E., BANOIN M. & GROUZIS M., 2003. Effet de l'arbre sur la production et la qualité fourragères de la végétation herbacée : bilan pastoral en milieu sahélien. *Rev. Elev. Méd. Vét. Pays tropicaux.* 154, 10 : 619-628.

ALBERGEL J., CARBONNEL J. P. & GROUZIS M., 1985. Sécheresse au Sahel. Incidences sur les ressources en eau et les productions végétales. Cas du Burkina Faso. *Veille satellitaire*, 7:18-30.

ALEXANDRE D. Y., GUILLAUMET J. L. & DE NAMUR CH., 1978. Observations sur les premiers stades de la reconstitution de la forêt dense humide (sud-ouest de la côte d'Ivoire). *Cah. O.R.S.T.M.,* sér. Biol., XIII (3) :189-270.

ALEXIADES MN & SHELDON JW., 1996, Selected Guidelines for Ethnobotanical Research: A Field Manual. *Advances in Economic Botany*, vol. 10.

ARBONNIER M., 2002. *Arbres, arbustes et lianes des zones sèches d'Afrique de l'Ouest.* CIRAD et Museum d'histoire naturel de Paris : 573 p.

ASSARKI H., 2000. La gestion pastorale : Evaluation du potentiel fourrager dans la commune rurale de Madiama. Mémoire de fin de cycle IPR/IFRA de Katibougou ; Rép. du Mali : 70p.

AUCLAIR D. & METAYER S., 1980. Méthodologie de l'évaluation de la biomasse aérienne sur pied et de la production en biomasse des taillis. *Revue Acta OEcologica*, vol. 1 n° 4 : 357-377.

AUMEERUDDY-THOMAS Y. & DE GARINE E., 2008. Savoirs locaux : contraintes et opportunités. In Entre l'homme et la nature, une démarche pour des relations durables *Rev. Réserves de biosphère*, Notes techniques 3- 2008. 61-64pp.

AYANTUNDE AA., HIERNAUX P., BRIEJER M., UDO H. & TABO R., 2009, Uses of local plant species by agropastoralists in South-western Niger. *Ethnobotany Research & Applications* 7: 53-66

AZOCAR P., LAILHACAR S., PADILLA F., & ROJO H., 1991. Méthode d'évaluation de la phytomasse utilisable des arbustes fourragers *Atriplex repanda* et *Flourensia thurifera*, pp. 512-514 in Gaston A, Kernick M, & Le Houerou H N ed. « ive congres international des terres de parcours », Montpellier, 592 p.

BA A. S., 1982. L'art vétérinaire des pasteurs sahéliens. ENDA Tiers Monde, Série études et recherches n° 73 82, Dakar 98 p.

BA C., 2005. Utilisation de la lisière des forêts classées par l'élevage (l'expérience du Sénégal). *Conférence virtuelle*. www.virtualcenter.org.

BAGNOULS F. & GAUSSEN H., 1953. Saison sèche et indice xérothermique. *Bull. Soc. Hist. Nat. Toul.* 88 : 193-239 pp.

BANOIN M. & JOUVE P., 2000. Déterminants des pratiques de transhumance en zone agro-pastorale sahélienne : cas de l'arrondissement de Mayayi au Niger. *Options Méditerranéennes, Sér. A/* n°39 : 91-105 pp.

BARBAULT R., 2000. *Ecologie générale: Structure et fonctionnement de la biosphère.* 5ème édition, Dunod, Paris ; 325 p.

BAROUCH, G. 1989. *La décision en miettes : systèmes de pensée et d'action à l'œuvre dans la gestion des milieux naturels.* L'Harmattan, Paris. 237 pp.

BARRAL H., BENEFICE E., BOUDET G., DENIS J. P., DE WISPELEARE G., DIATE I., DIAW O. T., DIEYE K., DOUTRE M. P., MEYER J. F., NOEL J., PARENT G., PIOT J., VALENTIN C., VALENZA J., & VASSILIADES G., 1983. Systèmes de production d'élevage au Sénégal dans la région du Ferlo. *Synthèse de fin d'études d'une équipe de recherches pluridisciplinaire.* ACC/RIZAT (LAT), GERDAT-Orstom: 172 p.

BAUMER M., 1995. *Arbres, arbres et arbrisseaux nourriciers en Afrique occidentale.* ENDA Tiers-monde, Dakar : 260p.

BAUMER M., 1997. *L'agroforesterie pour les productions animales*. CTA, ICRAF. Van Ruys Bruxelles: 340p.

BEHNKE R., 1995. Feed manufacturing technology current issues and challenges. Proc. pacific NorthWest Animal Nutrition Conference, 103-116.

BEHNKE R. H. & SCONNES I., 1992. Repenser l'écologie des parcours : implications pour la gestion des terres en Afrique. IIED/UNSO, Dossier n°33 : 36p.

BENOIT M., 1988. La lisière de Kooya, espace pastoral et paysage dans le Nord du Sénégal (Ferlo). *L'espace géographique*, Paris, 2 : 95-108.

BEURET J. E., 2006. Dialogue et concertation dans les réserves de biosphère: Problématique et enjeux. in Biodiversité et acteurs: itinéraires de concertation. *Rev. Réserves de biosphère*, Notes techniques 1- 2006. 9-21pp.

BEURET J. E., 2008. La démarche participative. In Biodiversité et acteurs: itinéraires de concertation. *Rev. Réserves de biosphère*, Notes techniques 3- 2008. 93-97pp.

BERHAUT J., 1967. *Flore du Sénégal*. Edition clairafrique Dakar, Sénégal, 2ème édition : 485 p.

BILLE J. C., 1974. Recherches écologiques sur une savane sahélienne du Ferlo septentrional, Sénégal 1972, année sèche au Sahel. *La terre et la vie*. 62-86pp.

BILLE J. C., 1977. Etude de la production primaire nette d'un écosystème sahélien. *Travaux et Documents. ORSTOM*, Paris.

BILLE J.C., LEPAGE M., MOREL G. & POUPON H., 1972. Description de la végétation. In *recherches écologiques sur une savane sahélienne du Ferlo septentrional, Sénégal*. La terre et la Vie, 26(3) : 332-350 pp.

BOUDET G., 1977. Contribution au contrôle continu des pâturages tropicaux en Afrique occidentale. *Rev. Elev. Méd. Vét. Pays tropicaux. 30, 4* : 387-406.

BOUDET G., 1983. Les pâturages et l'élevage au Sahel : 29-33 pp.

BOUDET G., 1984. *Manuel sur les pâturages tropicaux et les cultures fourragères*. 4ème édition. Paris, Ministère de la Coopération, Manuel et Précis d'élevage 4, 254p.

BOUDET G., 1985. Conservation et évolution des systèmes pastoraux. *Les cahiers de la Recherche-développement*, n°6.

BOUREIMA A., 2008. Réserves de biosphère en Afrique de l'Ouest : vers des modèles de développement durable. *Note technique à l'attention des décideurs*. Projet UNESCO-MAB/PNUE/GEF. 68p.

BOUTRAIS J.., 1980. L'arbre et le bœuf en zone soudano-guinéenne in *L'arbre en Afrique tropicale : La fonction et le signe*. Cahiers ORSTOM, séries Sciences Humaines vol XVII- N° 3-4 : 235-246pp.

BOUXIN G., 1975. Ordination and classification in the savana vegetation of the Akagera Park (Rwanda, Central Africa). *Vegetation 29* : 155-157.

BREMAN & RIDDER DE N., 1991. *Manuel sur les pâturages des pays sahéliens*. Ed Karthala, ACCT, ABOL-DLO et CTA : 485 p.

BUREL F. & BAUDRY J., 1999. *Ecologie du paysage. Concepts, méthodes, applications*. Paris, Editions Tec et Doc. 359p.

CABANETTES A. & RAPP M., 1978. Biomasse, minéralomasse et productivité d'un écosystème à Pins pignons (*Pinus pinea L*) du littoral méditérranéen. *Revue OEcologia Plantarum*, tome 13, n°3 : 271-286.

CANTAREL A., 2011. Impacts du changement climatique sur les bilans de carbone et de gaz à effet de serre de la prairie permanente en lien avec la diversité fonctionnelle. *Thèse de Doctorat, Université Blaise Pascal,* 212p.

CARRIERE S et MERAL P., 2008. Corridors : la nécessité d'une réflexion. In *Entre l'homme et la nature une démarche pour des relations durables*. Rev. Réserves de biosphère, Notes techniques 3- 2008. 58-60pp.

CARRIERE M. & TOUTAIN B., 1995. Utilisation des terres de parcours pour l'élevage et interactions avec l'environnement : outils d'évaluations et indicateurs. CIRAD-EMVT : 92 p.

CESAR J., 1981. Cycle de la biomasse et des repousses après coupes en savanes de Côte d'Ivoire. *Rev. Elev. Méd. Vét. Pays tropicaux. 34(1)* : 73-81.

CHEIKHYOUSSEF A., ASHEKELE H., SHAPI M. & MATENGU K., 2011, Ethnobotanical study of indigenus knowledge on medicinal plant use by traditional healers in Oshikoto region, Namibia.Journal of Ethnobiology and Ethnomedicine. 7-10.

CHEVASSUS-AU-LOUIS B., SALLES J. M., BIELSA S., RICHARD D., MARTIN G. et PUJOL J. L., 2009. Approche économique de la biodiversité et des services liés aux écosystèmes : Contribution à la décision publique. *Centre d'Analyse stratégique*. 378p.

CIBIEN C. ; BIORET F. et GENOT J. C., 2006. Mettre en œuvre le concept de réserve de biosphère a l'échelle du territoire: diversité des structures et des acteurs. in Biodiversité et acteurs: itinéraires de concertation. *Rev. Réserves de biosphère*, Notes techniques 1- 2006. 22-24pp.

CISSE M. I., 1980. Production fourragère de quelques arbres sahéliens : relations entre la biomasse foliaire et divers paramètres physiques. in *Les fourrages ligneux en Afrique: état actuel des connaissances*. : 203-208.

CLAUDE J., GROUZIS M. & MILLEVILLE M., 1992. Un espace sahélien. La mare d'Oursi. ed. Orstom, paris, 241p.

CLEMENT J., 1982. Estimation des volumes et de la productivité des formations mixtes forestières et graminéennes tropicale. *Bois et Forêts des Tropiques, 198 (4)* : 35-58 pp.

COLE M. M., 1982. The influence of soils, geomorphology and geology on the distribution of plant communities in savanna ecosystem. In HUNTLEY B. J. rt WALKER B. H. (ed), *Ecology of tropical savannas:* 145-174.

COMMISSION EUROPÉENNE, 2009. Biens et services écosystèmiques. *Nature et environnement*, 4p.

CONNELL J. H., 1978. Diversity in tropical rain forests and cora reefs. *Science,* 199 :1302-1310.

CORNET A., 1992. Relation entre la structure spatiale des peuplements végétaux et le bilan hydrique des sols de quelques phytocénoses en zone aride. In *L'aridité une contrainte au développement*. ORSTOM, Editions, 1992. 245-263.

CORNET A., 1981. Le bilan hydrique et son rôle dans la production herbacée quelques phytocénoses sahéliennes au Sénégal. *Thèse ing., USTL, Montpellier* : 353 p.

COULIBALY S. M., 1998. – Détermination de la productivité des jachères dans la zone de Ouellessebougou. *Mémoire de fin de cycle, Institut Polytechnique Rural de Formation et de Recherche Appliquée (IPR/IFRA)*, Katibougou, Mali, 67 p.

COUTERON C., d'AQUINO P. & OUEDRAOGO I. M. O., 1992. Pterocarpus lucens Lepr. Dans la région de Banh (nord-ouest du Burkina Faso, Afrique occidentale). Importance pastorale et état actuel des peuplements. *Revue Elev. Méd. Vét. Pays trop.,* 45 (2) : 179-190.

COUVET D. et COUVET A. T., 2010. *Ecologie et biodiversité : Des populations aux socioécosystèmes*. Editions Belin, Paris, 336p.

C.S.A., 1956. *Conseil scientifique pour l'Afrique au sud du Sahara. Phytogéographiephytogeography*. Réunion de spécialistes du C.S.A. en matière de phytogéographie. Yangambi (28 juill.43 août 1956), Londres, Publ. Bureau C.C.T.A., 53 p.

DECONCHAT M. et BALENT G., 2001. Effets des perturbations du sol et de la mise en lumière occasionnées par l'exploitation forestière sur la flore à une échelle fine. *Annals of forest Sciences*, 58, 3, 315-328 pp.

DECONCHAT M. et BALENT G., 2004. Critères et indicateurs de gestion durable des forêts : la biodiversité. *Revue forestière française*, vol. LVI, n° 5, pp. 419-430.

DEDONCKER M., 2013, Structure, dynamique et utilisations de la ressource ligneuse dans le Ferlo (Sénégal). *Mémoire Bioingénieur*, UCL, 121p.

DIEME G. H., 2000. Dynamique des ressources en eau dans la zone sylvopastorale : le cas des mares de la communauté rurale de Thiel (sud Ferlo). *Mémoire de Maîtrise en Géographie / UCAD*.

DIOP M., KAYA B., NIANG A. & OLIVIER A. 2005, Les Espèces Ligneuses et Leurs Usages: Les préférences des paysans dans le Cercle de Ségou, au Mali. ICRAF *working paper no. 9*. World Agroforestry Centre Nairobi, Kenya.

DIOP T., DIAW O. T., DIEME I., TOURE I., SY O. et DIEME G., 2004. Les mares de la Zone sylvopastorale du Sénégal: tendances évolutives et rôle dans les stratégies de production des populations pastorales. *Revue Élev. Méd. vét. Pays trop.*, 2004, 57 (1-2) : 77-85.

DIOP T., DIAW O. T., THIAM M., DIEME I., TOURE I., DIEME G. et TRAORE M., 2004. Les mares de la Zone sylvopastorale du Sénégal: rôle dans la conservation de la biodiversité et du cadre de vie des populations pastorales. *Rev Flamboyant N° 58*. 6-10pp.

DIOUF A., 2000. Analyse du paysage et de l'exploitation des pâturages dans l'unité pastorale de Thiel (Ferlo). *Mémoire de DEA en Géographie / UCAD*.

FAO, 1984. Études sur les volumes et la productivité des peuplements forestiers tropicaux. 1. Formations forestières sèches. Rome, Italie, Fao, série *Étude FAO : Forêts* n° 51/1, 88 p.

FAO., 1992. Foresterie en zones arides. Guides à l'intention des techniciens de terrain. *Cahier FAO Conservation*: 143 p.

FAYE O., 2011. Cartographie de la réserve de biosphère du Ferlo. *Rapport de consultance*. - 26p.

FOURNIER A., 1987. Cycles saisonniers de la biomasse herbacée dans les savanes soudaniennes de Nazinga (Burkina Faso). Comparaison avec d'autres savanes ouest africaines. *Bull. Ecol.*, T. 18, 4, 1987 : 409-430 pp.

FRONTIER S., 1983. L'échantillonnage de la diversité spécifique. In *Stratégie d'échantillonnage en écologie*, Frontier et Masson édit., Paris (Coll. D'Ecologie), XVIII + 494 p.

FRONTIER S et PICHOD-VIALE D., 1998. *Ecosystèmes: Structure, Fonctionnement, évolution*, 2ème édition, Dunod, Paris, 447 p.

FRONTIER S., PICHOD-VIALE D., LEPRETRE A., DAVOULT D. & LUCZAK C., 2008. *Ecosystèmes: Structure, Fonctionnement, évolution*, 4ème édition, Dunod, Paris, 558 p.

GASTON A., VAN ITTERSUM G. & VAN PRAET C. L., 1983. Utilisation des images Noaa 7 pour l'estimation de la production primaire au Ferlo. *Actes du colloque:* « *Méthodes d'inventaire et de surveillance continue des écosystèmes pastoraux sahéliens* ». Dakar, 16-18 nov. 1983.

GAZZANEO L. R. S., DE LUCENA R. F. P., & DE ALBUQUERQUE U. P., 2005, Knowledge and use of medicinal plants by local specialists in an region of Atlantic Forest in the state of Pernambuco (Northeastern Brazil). *Journal of Ethnobiologie and ethnomedicine*, 2005, 1: 9.

GNING O., SARR O., GUEYE M., AKPO LE & NDIAYE PM., 2013, Valeur socio-économique de l'arbre en milieu malinké (Khossanto, Sénégal). *Journal of Applied Biosciences*. 70:5617–5631

GNING O. N., 2008. Caractéristiques des ligneux fourragers dans les parcours communautaires de Khossanto (Kédougou, Sénégal Oriental). *Mémoire de DEA* en Biologie végétale, UCAD, 78p.

GOSSELIN M. & LAROUSSINIE O., 2004. *Biodiversité et gestion forestière : connaître pour préserver*. Etudes gestion des territoires, 20. Cemagref Editions. 320p.

GOUNOT M., 1969. Méthodes d'études quantitatives de la végétation. Paris, Masson et Cie.

GRALL J. & HILY C., 2003. Traitement des données stationnelles (Faune), Fiche technique, 10p.

GROUZIS M., 1992. Germination et établissement des plantes annuelles sahéliennes. In *L'aridité une contrainte au développement*. ORSTOM, Editions, 1992. 245-263.

GROUZIS M. & ALBERGEL J., 1991. Du risque climatique, à la contrainte écologique : incidences de la sécheresse sur les productions végétales et le milieu au Burkina Faso. *in* « *Le risque en Agriculture* », ELDIN M. et MILLEVILLE P., Ed., Collection *à traves champs*, ORSTOM, Paris : 243-254

GROUZIS M., ALBERGEL J. & CARBONNEL J. P., 1989. Péjoration climatique au Burkina Faso : effets sur les ressources en eau et les productions végétales : 165-178, in « Les hommes face aux sécheresses, Nord est brésilien, Sahel africain », B.Bret (coord.), EST-IHEAL :442p.

HALPERN C. B. & SPIES T. A., 1995. Plant species diversity in natural and managed forest of the pacific Northwest, *Ecological Applications,* 5, 4, 913-934 pp.

HEINRICH M., ANKLI A., FREI B., WEIMANN C. & STICHER O., 1998, Medicinal plants in Mexico: Healers'consensus and cultural importance. *Social Science and Medicine* 1998, 47:1863-1875.

HIERNAUX P., CISSE M. I. & DIARRA L., 1979. Rapport annuel d'activités de la section d'écologie. Mimeo, Diff. Restr., CIPEA/Mali, Bamako.

HUSTON M., 1979. A general hypothesis of species diversity. *The American Naturalist,* 113 : 81-101.

ICKOWICZ A., 1995. Approche dynamique du bilan fourrager appliqué à des formations pastorales du sahel tchadien. *Thèse Univ. Paris XII* : 472 p.

ISHWARAN N., 2007. Efficacité réserves de biosphère : le droit de réserve *Rev. Courrier de la planéte n°75-2007.* 19-21pp.

JARDIN M., 2008. Le cas particulier des réserves de biosphère. In Entre l'homme et la nature, une démarche pour des relations durables *Rev. Réserves de biosphère,* Notes techniques 3- 2008. 32-36 pp.

KANE L.., 2005. Essai de construction d'indicateurs biologiques pour le suivi et l'évaluation de l'état et de la dynamique de la flore et de la végétation ligneuses dans la périphérie de la réserve de biosphère du Niokolo koba (sud-est du Sénégal). *Thèse de troisième cycle en sciences de l'environnement.* ISE/UCAD- 84 p.

KATZ R W & GLANTZ M H., 1986. Anatomy of rainfall Index. *American meteorological society,* 114 : 764-771.

KOUAME N. F., 1998. Influence de l'exploitation forestière sur la végétation et la flore de la forêt classée du Haut-Sassandra (Centre-Ouest de la Côte d'Ivoire). *Thèse de 3ème cycle* univ. de Cocody (Côte d'Ivoire), 227p.

LABAT J. N., 1995. Végétation du nord-ouest du Michoacan Mexique. Instituto de Ecologia A. C., 401p.

LARRERE C., 2008. Les modèles scientifiques de protection de la nature. In *Entre l'homme et la nature une démarche pour des relations durables.* Rev. Réserves de biosphère, Notes techniques 3- 2008. 28-32 pp.

LAWALI MAHAMANE E. M., 1999. Le bois énergie au Niger : connaissances actuelles et tendances. FAO, Projet GCP/INT/679/EC.

LE HOUEROU H. N., 1980. Le rôle des ligneux fourragers dans les zones sahélienne et soudanienne. in *Les fourrages ligneux en Afrique: état actuel des connaissances*. : 85-101pp.

LE HOUEROU H. N., 1989. The grazing land ecosystems of the African sahel. *Springer-verlag, Berlin:* 282 p.

LEBRUN J. P. & STORK A. L., 1991. Enumération des plantes à fleurs d'Afrique tropicale. Conservatoire du jardin botanique de Genève, Vol. I : 249 p.

LEBRUN J. P. & STORK A. L., 1992. Enumération des plantes à fleurs d'Afrique tropicale. Conservatoire du jardin botanique de Genève, Vol. II : 257 p.

LEBRUN J. P. & STORK A. L., 1995. Enumération des plantes à fleurs d'Afrique tropicale. Conservatoire du jardin botanique de Genève, Vol. III : 341 p.

LEBRUN J. P. & STORK A. L., 1997. Enumération des plantes à fleurs d'Afrique tropicale. Conservatoire du jardin botanique de Genève, Vol. IV : 712 p.

LESCUYER G., 2005. Critères et indicateurs de gestion durable de la forêt : quelques enseignements tirés des expériences actuelles en Afrique Centrale. : 63-69 pp.

LEVANG P. & GROUZIS M., 1980. Méthodes d'études de la végétation herbacée des formations sahéliennes : application à la mare d'oursi, Haute Volta, *Acta Œcologica, Œcol. Plant.*, 1, 15 (3) : 221-244.

LÉVÊQUE C., 2008. *La biodiversité au quotidien, le développement durable à l'épreuve.* Editions Quae versailles, IRD Editions Paris. 286 p.

LIMOGES B., 2009. Biodiversité, services écologiques et bien être humain. *Le naturaliste canadien, 133 no 2.* 15-19 pp.

LIPPER L., DUTILLY-DIANE C. & McCARTY N., 2010. Supplying carbon sequestration from west african rangelands: opportunities and barriers. *Rangeland Ecol Manage*: 63 :155-166 pp.

LONG G., 1974. Diagnostic phyto-écologique et aménagement du territoire. I. Principes généraux et méthodes. Masson, Paris : 252 p.

LYKKE AM., KRISTENSEN MK. & GANABA S., 2004, Valuation of local use and dynamics of 56 woody species in the Sahel. *Biodiversity and Conservation* 13:1961-1990.

LYNCH J. F. & WHIGHAM D. F., 1984. Effects of forest fragmentation on breeding bird communities in Maryland, USA, *Biological Conservation*, 28 : 287-324 pp.

MAB, 2003. « Développement du Réseau mondial de réserves de biosphère : a. Proposition d'une stratégie du MAB pour la prévention et la résolution des conflits dans les réserves de biosphère ». *Document de travail*. Bureau du MAB, 8-11 juillet 2003. SC-03/CONF.217/6.

MAB France, 2000. *Réserves de biosphère, des territoires pour l'Homme et la Nature*. Octavius Gallimard. Gallimard jeunesse, Paris.

MAGURRAN A. E., 1988, *Ecological Diversity and Its Measurement*, Princeton, NJ, Princeton University Press, 179 p.

MANLAY R., PELTIER R., NTOUPKA M. & GAUTIER D., 2002. Bilan des ressources arborées d'un village de savane soudanienne au Nord Cameroun en vue d'une gestion durable. In *Savanes africaines : des espaces en mutation, des acteurs face à de nouveaux défis*. Jamin J. Y., Seiny Boukar L. (éditeurs scientifiques) : Actes du colloque, mai 2002, Maroua, Cameroun : 15 p.

MEA, 2005. Rapport de synthèse de l'Évaluation des écosystèmes pour le Millénaire. 59 p.

MOORE N. W. & HOOPER M. D., 1975 – On the number of bird species in British woods, *Biological Conservation*, 8, 4 : 239-250 pp.

MORI S.A., BOOM B.M., De CARVALINO A. M., et DOS SANTOS T. S., 1983. Southern Bahia moist forest. *Bot. Rev.* 49(2) (1983). 155-232 pp.

MYERS N., 1996. Environmental services of biodiversity. *Proc. Natl. Acad. Sci. USA.* Vol.93. 2764-2769 pp.

NAEGELE A. F. G., 1971. Etude et amélioration de la zone pastorale du Nord Sénégal. *Etude pâtures et cultures fourragères n°4*, AGPC, FAO, Rome : 15 p.

NASI R., 1994. La végétation du Centre Régional d'endémisme soudanien au Mali. Etude de la forêt des monts mandingues et essai de synthèse. *Thèse Doct. Sci., Paris Sud :* 175 p + ann.

NDIAYE B., 2004. Elaboration d'une démarche de gestion concertée des ressources naturelles dans un milieu pastoral : le cas de la Communauté Rurale de Velingara-Ferlo. *Memoire DESS Aménagement Décentralisation et développement Territorial /ENEA* : 72 p.

NDIAYE I., 2008. Flore et végétation ligneuses du terroir de Katané dans la réserve de faune du Ferlo-nord. *Mémoire DEA, FST, UCAD (Sénégal)*, 25p.

NENTWIG W., BACHER S. et BRANDL R. 2009. *Manuel de synthèse : Ecologie*. Edition Vuibert, 368p.

NEWBOULD J. P., 1967. Methods for estimating the primary production of forest. *Blackwell, oxford*, 62 p.

NIAMIR M., 1996. Foresterie communautaire : l'éleveur et ses décisions dans la gestion des ressources naturelles des régions arides et semi-arides d'Afrique. FAO, 143 p.

NGOM D., 2008. Identification d'indicateurs de gestion durable des ressources sylvopastorales au Ferlo (Nord Sénégal). *Doctorat bioveg, UCAD.* 148p.

NGOM D., 2009. Analyse institutionnelle pour la mise en place d'un comité de supervision et de suivi évaluation du processus de création et de gestion de la réserve de biosphère du Niumi. *Rapport de consultance.* 42p.

NGOM D., 2011. Formulaire de proposition de la réserve de biosphère du Ferlo. *Rapport de consultance.* 75p.

NGOM D. & NDIAYE B., 2004. Rapport de mission d'identification des sites prioritaires de recherche de la communauté rurale de Vélingara-Ferlo, FNRAA/PPZS : 34 p.

NGOM D., DIATTA S. & AKPO L. E., 2009. Estimation de la production fourragère de deux ligneux sahéliens (*Pterocarpus lucens* Lepr. Ex Guill. & Perrot et *Grewia bicolor* Juss) au Ferlo (Nord Sénégal). *Rev Livestock Research for Rural Development* 21 (8) 2009: 1-8.

NGOM D., BAKHOUM A., DIATTA S & AKPO L. E., 2012a. Qualité pastorale des ressources herbagères de la réserve de biosphère du Ferlo (Nord Sénégal). Rev. *International Journal of Biological and Chemical Sciences (IJBCS)*, Vol. 6, No. 1, February 2012, 186-201.

NGOM D., BAKHOUM A., KINDOMIHOU V., DIATTA S. & AKPO L.. E., 2012b. Firewood potential production of three sahelian woody species (Grewia *bicolor, Pterocarpus lucens and Combretum glutinosum*) in Ferlo (Northern Senegal). Rev. *Advances in Environmental Biology*, 6(8): 2329-2337.

NOUVELLET Y., 1992. Evolution d'un taillis de formation naturelle en zone soudanienne du Burkina Faso. *Thèse de Doctorat en Botanique Tropicale,* Université Pierre et Marie Curie – Paris 6 : 356 p.

OBA G., 1991. An evaluation technique for predicting phytomass of *indigofera spinosa* (forsk) on a semi-desert range, kenya, pp. 333-335. in Gaston A, Kernick M, & Le Houerou H N éd. "ive congres international des terres de parcours", Montpellier, 592 p.

OLIVRY J. C., 1983. Le point en 1982 sur la sécheresse en Sénégambie et aux îles Cap-vert. Examen de quelques séries de longue durée (débits et précipitations). *Cah. ORSTOM,* sér. Hydrol., XX, 1 :47-69.

OLSWIG-WHITTAKER L. ; SHACHAK M. & YAIR A., 1983. vegetation patterns related to environmental factors in a Negev Desert Watershide. *Vegetatio, 54,* : 153-165.

OULD SOULE A., 2011. Les caractéristiques écologiques de *Ziziphus mauritiana* LAM. dans le sud mauritanien. Doctorat 3ème cycle en Biologie végétale, UCAD, 103p.

PENNING DE VRIES F. W. T. & DJITEYE M. A., 1982. *La productivité des pâturages sahéliens. Une étude des sols, végétations et de l'exploitation de cette ressource naturelle.* Centre for Agricultural Publishing and Documentation, Wageningen, 525 p.

PEREZ S. H., 2008. Le marché au service de la conservation. In Entre l'homme et la nature, une démarche pour des relations durables Rev. *Réserves de biosphère*, Notes techniques 3- 2008. 120-123 pp.

PHILLIPS D. R., 1977. Total tree weights and volumes for understory hardwoods. TAPPI, 60 : 68-71.

PHILLIPS O., GENTRY AH., REYNEL C., WILKI P. & GAVEZ-DURAND CB., 1994, Quantitative ethnobotany and Amazonian conservation. *Conservation Biology* 1994, 8:225-248.

PICARD N., BALLO M., DEMBELE F., GAUTIER D., KAÏRE M., KAREMBE M., MAHAMANE A., MANLAY R., NGOM D., NTOUPKA M., OUATTARA S., SAVADOGO P., SAWADOGO L., & SEGHIERI J.., 2006. Evaluation de la productivité et de la biomasse des savanes sèches africaines : l'apport du collectif SAVAFOR. *Bois et Forêts des Tropiques, 288 (2)* : 75-80.

PIOT J., NEBOUT J. P., NANOT R. & TOUTAIN B., 1980. Utilisation des ligneux sahéliens par les herbivores domestiques. Etude quantitative dans la zone sud de la mare d'oursi (Haute Volta). IEMVT, CTFT : 217 p.

POHLE G. W. et THOMAS M. L. H., 2001. *Protocole de surveillance du benthos marin : Macrofaune intertidale et infratidale.* Le réseau d'évaluation et de surveillance écologiques, Canada. Site : http://www.eman-rese.ca/rese/ecotools/protocols/marine/benthos/benthos4.html

POUPON H., 1976. La biomasse et l'évaluation de la répartition au cours de la croissance d'*Acacia senegal* dans une savane sahélienne. *Revues Bois et forêts des tropiques.* 166 : 23-38.

POUPON H., 1980. *Structure et dynamique de la strate ligneuse d'une steppe sahélienne au nord du Sénégal.* ORSTOM éd. (Etudes & Thèses), Paris : 307p.

PRESSLAND A. J., 1975. Productivity and management of Mulga in south-western Queensland in relation to tree structure and density. *Aust. J. Bot.* 23 : 965-976.

PRATT T. L., JOHNSON S. Y., POTTER C.J., STEPHENSON W.J. & FINN C., 1997. Seismic reflection images beneath Puget Sound: The Puget Lowland thrust sheet hypothesis, J. Geophys. Res., 102, 27469–27489.

RAMADE F., 2002. *Dictionnaire encyclopédique de l'écologie et des sciences de l'environnement.* 2ème édition, Dunod, Paris ; 1075 p.

RAMADE F., 2003. *Eléments d'Ecologie : Ecologie fondamentale.* 3ème édition, Dunod, Paris ; 690 p.

RAMADE F., 2005. *Eléments d'Ecologie : Ecologie appliquée.* 6ème édition, Dunod, Paris ; 863 p.

REPUBLIQUE DU SENEGAL / MEPN., 1998. – Programme d'action nationale de lutte contre la désertification: 166 p.

ROBERTS-PICHETTE P. & GILLESPIE L. 2002. *Protocoles de suivi de la biodiversité végétale terrestre.* Le réseau d'évaluation et de surveillance écologiques Canada. Sur http://www.eman-ese.ca/rese/ecotools/protocols/terrestrial/vegetation/glossary.html

ROUSSEL J., 1995. *Pépinières et plantations forestières en Afrique tropicale sèche.* Editions ISRA, CIRAD, 435p.

SAGNE M., 2002. Caractérisation des sols de l'observatoire du Ferlo. *Rapport de consultation* – CSE/ROSELT, 39 p.

SANDFORD C., 1983. Organisation and managment of water supplies in tropical Africa. Addis Abeba, ILCA Research Report n°8.

SARR O., NGOM D., BAKHOUM A. & AKPO LE., 2013, Dynamique du peuplement ligneux dans un parcours agrosylvopastoral du Sénégal », *VertigO - la revue électronique en sciences de l'environnement,* Volume 13 Numéro 2, septembre 2013. 16p.

SCHLAEPFER R. & BÜTLER R., 2004. Critères et indicateurs dans le contexte de systèmes écologiques complexes: gestion écosystèmique des ressources forestières et du paysage, *Revue forestière française,* 5:4310444, 2004.

SICOT M., 1980. – Déterminisme de la biomasse et des immobilisations minérales de la strate herbacée des parcours naturels sahéliens. *Cah. O.R.S.T.M., sér. Biol., n°42* : 9-24.

SPIES T. A. & TURNER M. G., 1999. Dynamic forest mosaics, In Hunter M. J. (Eds), *Maintaining biodiversity in forest ecosystems,* Cambridge University Press, 95-160 pp.

SOP TK., OLDELAND J., BOGNOUNOU F., SCHMIEDEL U. & THIOMBIANO A., 2012, Ethnobotanical knowledge and valuation of woody plants species: a comparative analysis of three ethnic groups from the sub-Sahel of Burkina Faso. Environment, Development & Sustainability 14 (5): 627-649

SOW A. A. & AKPO L. E., 2011. Plan de coopération de la réserve de biosphère du Ferlo. *Rapport de consultance.* 51p.

SYLLA M. L., 1997. Evaluation rapide de la productivité et de la production des formations végétales : bassins de Bamako et de Ségou. *Rapport de mission*. République du Mali/MDRE/DNAER : 27 p.

TCHIOUMI N. F., 2001. Contribution à l'étude écologique et structurale des forêts somitales du massif du Mbam Minkoum (région de Yaoundé), *Mémoire de maîtrise* : Université de Yaoundé I.

THEBAUD B., 1995. Le foncier dans le sahel pastoral : situation et perspectives. In Blanc-Pamard C et Cambrezy L., *Dynamique des systèmes agraires : terre, terroir, territoire, les tensions foncières*. ORSTOM, 37-56pp.

THOMPSON J., 2008. Des fragments de nature : éléments d'une hétérogénéité paysagère façonnée par l'homme de protection de la nature. In *Entre l'homme et la nature une démarche pour des relations durables*. Rev. Réserves de biosphère, Notes techniques 3-2008. 50-53pp.

TIENDREBEOGO J. P. & SORG J. P., 1997. Etude de la capacité de charge de la forêt classée de Gonsé. MEE/SG/DGEF, 24 p.

TOUPET C., 1989. Comparaison des sécheresses historiques et de la sécheresse actuelle : essai de définition de la sécheresse et de l'aridification. In : BRET coord :, *Les hommes face aux sécheresses, Nordest brésilien, sahel africain* : 77-84, EST-IHEAL éd. (422pp.)..

TOURE O., 1997. La gestion des ressources naturelles en milieu pastoral : l'exemple du Ferlo sénégalais. In Charles Becker et Philipe Tersigel (éds), *Développement durable au Sahel*. Dakar/Paris, Sociétés, Espaces, Temps /Karthala : 125-143pp.

TRAORE S. A., 1997. Analyse de la flore et de la végétation de la zone de Simenti (Parc National du Niokolo Koba), Sénégal oriental. *Thèse de 3ème cycle. FST/UCAD (Sénégal)*: 136 p.

TYBIRK K., 1991. Régénération des légumineuses ligneuses du Sahel. *AAU Reports*, 28 : 1-86.

UGULU I., 2012, Fidelity level and knowledge of medicinal plants used to make therapeutic turkish baths. *Ethno Med*, 6(1) :1-9

UICN, 2011. Red list of threatened species: http://www.iucnredlist.org

UNESCO, 1996. Réserves de biosphère : la Stratégie de Séville et le cadre statutaire du réseau mondial. UNESCO, Paris. 23p.

UNESCO, 1997. MAB en Afrique : rétrospectives et perspectives pour le 21ème siècle. UNESCO-Dakar. 23p.

UNESCO., 2000. La solution du puzzle : l'approche écosystèmique et les réserves de biosphère. UNESCO, Paris. 31p.

UNESCO, 2003. Réserves de biosphère : des lieux privilégiés pour les hommes et la nature. UNESCO, Paris. 208p.

UNESCO, 2004. Explique moi...Les Réserves de biosphère. UNESCO, Paris. 39p.

UNESCO, 2006. Biodiversité et acteurs: itinéraires de concertation. *Rev. Réserves de biosphère*, Notes techniques 1- 2006. 82 p.

UNESCO, 2007. Dialogue dans les réserves de biosphère : repères, pratiques et expériences. *Rev. Réserves de biosphère*, Notes techniques 2- 2007. 80 p.

UNESCO-MAB, 2008. Le plan d'action de Madrid pour les Réserves de biosphère. UNESCO, Paris. 37p.

UNESCO, 2012. Changement climatique et biodiversité. http://www.unesco.org/new/fr/natural-sciences/environment/ecological-sciences

VALENZA J., 1970. survey of different types of natural pasture land in the senegal republic. Proc. Xie intern. Grassland Congress: 78-82.

VALENZA J., 1981. Surveillance continue des pâturages naturels sahéliens sénégalais. Résultats de 1974 à 1978. *Rev. Elév. Méd. Vét. Pays trop., 34, 1*: 83-100.

VINCKE C, 1995. La dégradation des systèmes écologiques sahéliens. Effets de la sécheresse et de facteurs anthropiques sur l'évolution de la végétation ligneuse du Ferlo (Sénégal). *Mémoire d'Ingénieur Agronome, UCL-FSA/UEF*: 82 p.

VON DACH W. S., HOGGEL U. & ENZ F. K., 2004. La compensation des services fournis par les écosystèmes : Un catalyseur pour la conservation des écosystèmes et la réduction de la pauvreté? *Info Resources Focus N° 3/04*. 16p.

WALKER B. H., CARPENTIER S., ANDERIES A., ABEL N., CUMMING C., JANSSEN M., LEBEL L., NORBERG J.,PETERSON G. D & PRITCHARD R., 2002. « Resilience management in social-ecological systems: A working hypothesis for a participatory approach », *Conservation Ecology*, 6(1): 14.

WILSON R. T., 1980. Consommation de bois de combustion dans une ville du Mali central et ses effets sur la disponibilité des fourrages ligneux. In *les fourrages ligneux en Afrique : Etat actuel des connaissances* : 463-466.

WOOMER P. L., 2001. Caractérisation du carbone dans la végétation et dans les sols en champs et en laboratoire. *Communication à l'atelier de travail sur l'échantillonnage du carbone environnemental et la modélisation biogéochimique*. Dakar, 2001. 23p.

WOOMER P. L & PALM C., 1998. An approach to estimating system carbon stocks, in tropical forests and associated land uses. *Commonwealth forestry review* 77: 181-190.

WOOMER P. L., TOURE A. & SALL M., 2004. Carbon stocks in Senegal's Sahel transition zone. *Journal of Arid Environment* 59 : 499-510.

WRI, 2008. Services d'écosystèmes : guide à l'attention des décideurs. WRI, 96 p.

YUNG J. M. & BOSC P. M., 1992. Le développement agricole au Sahel. Tome IV : Défis, recherches et innovations au sahel. Collection *« Documents systèmes agraires » N° 17*, CIRAD : 384 p.

Oui, je veux morebooks!

i want morebooks!

Buy your books fast and straightforward online - at one of the world's fastest growing online book stores! Environmentally sound due to Print-on-Demand technologies.

Buy your books online at
www.get-morebooks.com

Achetez vos livres en ligne, vite et bien, sur l'une des librairies en ligne les plus performantes au monde!
En protégeant nos ressources et notre environnement grâce à l'impression à la demande.

La librairie en ligne pour acheter plus vite
www.morebooks.fr

OmniScriptum Marketing DEU GmbH
Heinrich-Böcking-Str. 6-8
D - 66121 Saarbrücken
Telefax: +49 681 93 81 567-9

info@omniscriptum.de
www.omniscriptum.de

Printed by Books on Demand GmbH, Norderstedt / Germany